식물학자의
정원 산책

사람, 식물, 지구!
모두를 위한 정원의 과학

식물학자의
정원 산책

레나토 브루니 지음

장혜경 옮김

초사흘달

일러두기

1. 식물을 포함해 이 책에 등장하는 여러 생물의 이름은 국가생물종지식정보시스템(www.nature.go.kr)에 등록된 명칭을 우선으로 했습니다.

2. 국가생물종지식정보시스템에 등록되지 않은 생물은 학명 또는 외국에서 부르는 이름에 담긴 뜻을 반영해 임의로 우리말 이름을 지어 붙이고 각주를 달았습니다.

3. 학명은 속명과 종명을 나란히 쓰는 이명법을 따르되, 해당 속 또는 과의 식물을 두루 일컫는 경우에는 속명 또는 과명만 표기했습니다.

식물학자의 자연 결핍 증후군

울창한 밤나무 숲에서 고개 숙여 흙 묻은 신발을 내려다본다. 나뭇가지 사이로 비쳐든 햇살에 신발을 뒤덮은 마른 나뭇잎들이 환하다. 열심히 버섯을 찾아도 소용없다. 그런데 아내가 버섯이 가득 담긴 바구니를 내보이며 나를 조롱하던 순간, 나는 "유레카!"를 외쳤다. 이 책은 바로 그 순간에 탄생했다.

　나는 20년 가까이 식물을 연구한 사람이다. 하지만 대개 실험실이라는 인위적인 공간에서 식물을 관찰한다. 그러다 보니 수풀을 헤집어 비단그물버섯을 찾는 일에는 영 서툴다. "식물 전문가라는 사람이 실전에는 약해 빠졌군." 아내는 연신 나를 놀리며 작대기로 여기저기 수풀을 뒤적인다. "저기 있잖아. 당신

발 왼쪽에. 저렇게 예쁜 그물버섯이 안 보여?" 나는 버섯은 식물이 아니라는 말로 이 민망한 상황을 모면해 보려 애쓰지만, 사실은 아내의 말이 전적으로 옳다.

아내의 핀잔을 들으니 떠오르는 장면이 있다. 우리 할아버지는 넓은 정원을 가꾸셨다. 조상 대대로 내려오는 비법으로 거름을 주고 한 줌의 미신으로 물을 대어, 고생고생 척박한 땅을 비옥한 정원으로 만드셨다. 할아버지를 도와 백일홍 화단에서 불청객 잡초를 뽑던 내게 아래를 보라고 가르치시던 목소리가 지금도 귓가에 쟁쟁하다. "식물은 복잡한 생물이란다. 가까이서 보지 않으면, 허리를 굽히고 고개를 숙여 땅을 내려다보지 않으면 이해할 수 없지. 날 도와주려거든 허공을 보지 말고 네 발치를 보려무나."

그때 이후 정원은 좋은 시절도 있었고 나쁜 시절도 있었지만, 농사일을 감당할 수 없을 만큼 할아버지의 기력이 떨어진 뒤로는 방치된 채 쇠락하고 있다. 나 역시 그사이 독립을 했기에 할아버지의 뒤를 이어 정원을 가꿀 시간이 없었다. 물론 나는 내 평생을 식물에 바쳤고, 어찌 보면 어릴 적 할아버지의 충고를 지나치리만큼 잘 따르며 살았다. 이 복잡한 생명체를 어찌나 가까이에서 관찰했는지 거의 그 안으로 미끄러져 들어갈 지경이었으니 말이다. 그래서일까, 수북한 나뭇잎과 마른 나뭇가지 틈에서 숨바꼭질 놀이를 하는 빌어먹을 놈의 그물버섯을 발치에서 찾으면서, 문득 내가 아주 독특한 형태의 '식물맹plant blindness'*일지도 모른다는 생각이 들었다. 나는 식물을 일종의 배경 음악으로 여기는 인지 장애를 앓고 있는지도 모른다. 틀림없이 고막을 거쳐 지나가는데도 기억에는 남지 않는 배경 음악처럼, 식물을 눈으로 보고도 기억은 하지 못하는 것이다.

모든 생명은 상호 의존의 그물망으로 얽혀 있다. 그러나 인간은 종종 생명에도 상하 관계가 있다는 믿음으로 생명체와의 일상적 만남을 무시한다. '밑바닥'에 깔린 부차적 존재인 식물이 인간을 포함해 '더 진화한' 동물을 먹여 살린다는 그릇된 믿음. 그런 선입견 탓에 정원이라는 공간을 좀 더 합리적이고 지속 가능한 방식으로 가꾸어 나갈 기회를 놓치고 살아간다. 손님인 주제에 주인인 양 굴면서 꽃과 가지와 잎사귀를 향해 인간의 사회적 리듬과 미학적 욕망을 강요하며 생태학적으로 비난받아 마땅할 행동을 정원에서 되풀이하는 것이다.

고개를 숙이고 왼쪽 발로 땅을 살살 파 보지만, 그놈의 그물버섯은 코빼기도 보이지 않는다. 대신 조금 떨어진 곳에서 언젠가 책에서 본 듯한 버섯을 발견하고는, 저 기생 생물이 어떻게

---

* 식물이 인간에게 미치는 영향이나 전체 생태계에서 차지하는 중요성을 인지하지 못하거나, 식물을 인간이나 동물보다 무시하는 경향을 뜻하는 말.

살아남을 수 있었을까, 고민에 빠진다. 녀석은 노란색이고 거의 투명해서 엽록소가 없을 것이다. 노란 버섯의 사연은 잘 모르겠지만, 만일 지금 할아버지가 옆에 계셨다면 부스스한 밤나무 우듬지 아래의 저 땅이 왜 비옥한 풀밭이 아닌지는 설명해 드릴 수 있을 것이다. 그러면 내 얘기를 들으신 할아버지는 손으로 흙을 파면 기분이 좋아진다는 평소의 소신을 다시 한번 굳히시겠지. 또 할아버지가 즐겨 심으시던 이런저런 식물들이 왜 몇 년 후면 전처럼 잘 자라지 않는지도 설명해 드릴 수 있을 것이고, 산의 이쪽 편에서 그물버섯 수확량이 점차 줄어드는 까닭을 아내에게 설명해 줄 수도 있을 것이다. 나아가 의학 같은 다른 분야와 힘을 합쳐 '과학적 입증에 기초한 정원 가꾸기'라는 새로운 학문 분과를 만들 수도 있을 것이다. 그런 생각들을 하고 있자니 머리가 빙빙 도는 것 같다.

최면을 거는 듯한 마른 나뭇잎 무리에서 벗어나려 고개를 드니 바람 한 점 없는 대기에 균열을 내며 윙윙 나는 곤충 한 마리가 보인다. 녀석은 꽃 피운 식물이 뿜어내는 화학 물질의 향기 궤도를 향해 한 치의 망설임도 없이 돌진한다. 왼쪽 옆에 똑같이 생긴 쌍둥이 꽃을 두고 왜 하필이면 그 꽃을 택했는지 누가 알랴. 근처 유럽서어나무는 담쟁이덩굴에 칭칭 감겨 있다. 담쟁이는 어떤 메커니즘을 따르기에 저 서어나무의 껍질에 단단히 들러붙었을까?

어느새 나는 울창한 밤나무 숲에서 식물들을 증강 현실처럼 바라보고 있다. 나무줄기마다 표지판이 걸려 있어서 물이 줄기를 타고 오르는 원리와 식물이 애벌레의 공격을 알아차리는 방법을 설명해 주는 것만 같다. 그러자니 이제 막 보랏빛 왕관을 활짝 열어젖힌 초롱꽃의 세포 메커니즘이 기억나고, 식물이 자신의 뿌리 틈에, 꽃잎에, 줄기 안에 사는 미생물들과 어떻게 협력하는지도 떠오른다. 생리학적 방법으로 성性을 바꿀 수 있는 식물이 많다는 사실도 떠오른다. 우리 집 닥스훈트가 밤마다 화장실로 이용하는 포도나무는 그럴 때마다 어떤 기분이 되는지도 아내에게 말해 줄 수 있을 것 같다. 가만! 그러고 보니 이 같은 식물 지식이 나에게는 비단그물버섯이 아닐까?

이 지역에는 노루가 많이 산다. 노루 한 마리가 비탈진 제방 발치의 수풀에서 바스락거린다. 그 소리에 '식물맹'이라는 말과 나란히 '자연 결핍 증후군nature-deficit disorder'이라는 또 하나의 용어가 떠오른다. 이 말은 도시에 사는 사람들이 자연과 물리적으로 접촉하지 않는 상태를 의미한다. 그 결과 도시인들은 집 근처 공원에 사는 새보다 TV에 나오는 세렝게티의 사자에 관해 더 많이 알고, 자기 집 발코니의 화분 틈에 사는 생명체보다 다큐멘터리 방송에 나온 열대 우림의 생물과 더 긴밀한 관계를 맺는다. 우리의 유전자는 식물 감각을 타고나지 않는다. 그래서 일고여덟 살이 될 때까지 아이들은 식물을 돌과 같은 무생물로 바라본다. 식물에 대한 공감 능력은 얼마나 많은 식물을 접하고, 얼마나 자주 자연으로 나가며, 자연에 관해 얼마나 많이 이야기 나누느냐에 달렸다.

식물 연구 역시 지난 몇십 년 동안 점점 더 자연 현실로부터 멀어졌다. 학계가 기술적 측면을 장려하고, 식물 내부로 더 깊이 들어가거나 더 복잡한 연관성을 연구하는 분과를 더 많이 지원하기 때문이다. 그 결과 장미나 백일홍, 파프리카, 비단그물버섯처럼 우리가 이해할 수 있는 대상들이 오히려 우리 눈 밖으로 완전히 밀려나는 기현상이 벌어졌다. 이로써 치료를 해도 시원찮을 식물맹 증상은 날로 심해지고, 식물은 그저 감탄의 대상으로 전락하고 말았다. 실질적 체험이 사라진 시야에 남은 것은 컴퓨터 화면상의 16비트 이미지뿐이니 그것으로 어찌 진짜 식물을 알아보고 찾아내겠는가.

아내의 눈에는 훤히 보이는 작은 그물버섯을 나만 못 보는 이 상황은 어쩌면 이 시대의 식물학을 비추는 상징적 거울일지도 모르겠다. 한가득 차서 신난 바구니와 텅텅 비어서 풀 죽은 바구니를 비교하며 숲에서 유레카를 경험한 그 순간, 실험실에 갇힌 내 연구 열정을 할아버지의 정원으로 되돌려 놓아야겠다고 생각했다.

철학자 발터 벤야민Walter Benjamin은 '산책자'를 '아스팔트 식물학자'라고 불렀다. 게으른 산보와 예리한 주변 관찰을 오가며 현대의 도시들을 목적 없이 배회하는 도시 구조의 전문가라고 말이다. 그가 인간의 세계와 이제 막 건설된 기술의 세계를 연결하기 위해 식물학자를 비유로 택했다는 사실은 참으로 특별하다. 나를 놀리는 아내 앞에 서 있자니 마치 내가 낙향하여 하릴없이 숲을 배회하는 '노학老學 산책자'가 된 기분이 든다. 이론으로 중무장하고서 도시의 기술 식물학자로 길든 침침한 눈을 껌뻑이며 숲을 거니는 노학 산책자.

밤나무 아래 흙으로 더러워진 신발을 내려다보며 빈 바구니를 부끄러워하던 그 순간에 나는 결단을 내렸다. 자연 결핍 증후군을 치료하기 위해 앞으로는 할아버지의 정원을 자주 찾겠노라고. 그리고 식물이 얼마나 복잡한 생물인지 설명해 보겠노라고. 나 같은 이론가에게도, 할아버지 같은 실무자에게도, 아내 같은 파트타임 실무자에게도 식물은 너무나도 다양하고 복잡한 생물이니까. 아내는 어느 결에 내 왼쪽 발치에 있던 비단그물버섯을 뽑아 몰래 내 바구니에 넣어 두었다. 남편이 빈손으로 집에 돌아가지 않아도 되게끔.

차례

여름
Summer

가을
Autumn

겨울
Winter

봄
Sprin_g

봄

Sprin_g

들어오세요, 열렸습니다

첫 번째 산책

아무 생각 없이 이 화단 저 화단을 돌아다니는 것보다 정원과 쉽게 친해지는 방법은 없다. 생각은 제멋대로 흐르지만, 감각은 열심히 제 할 일을 한다. 이성이 잠시 쉬며 긴장을 푸는 동안 귀는 나뭇가지의 속삭임에 취하고, 코는 대기를 탐색하며, 눈은 초록빛 얼룩을 주시한다. 물론 그게 가능할 때의 이야기다. 인간의 시각은 조금이라도 제 능력에 부친다 싶으면 바로 나 몰라라 발을 빼는 감각이니까.

지금 나는 바로 앞에 있는 형광 주황색 백합*Lilium*을 보고 있다. 녀석은 요란한 몸짓으로 내 시선을 끈 것이 아니다. 반쯤 입을 다문 꽃잎은 움직이지도 않는 것 같다. 하지만 몇 시간 뒤에 다시 오면 그사이 꽃이 활짝 피었을 테고, 여섯 개의 꽃잎을 가진 작은 태양이 한껏 자태를 뽐낼 것이다. 다만 그 동작은 너무나도 느려서 인간의 눈으로는 도저히 알아볼 수 없다.

느림은 정원이 우리에게 주는 가장 큰 행복일지도 모른다. 정원의 시곗바늘은 인간의 감각으로 거의 알아챌 수 없는 식물의 행보에 맞추어 느릿느릿 돌아간다. 잔디밭을 뛰어다니듯 바쁜 우리네 삶의 속도를 꼼꼼히 재는 초침 시계와는 확연히 다른 방식이다. 잠시 백합을 바라보기만 해도 금방 알 수 있다. 식물은 멈추지 않고 움직이고 성장하며(우리는 땀 뻘뻘 흘리며 잔디를 깎을 때나 그 사실을 깨닫는다), 모양과 색깔을 바꾸고(단 하루 만에도 화단은 못 알아볼 지경으로 달라진다), 환경의 영향에 반응한다(깜빡하고 물을 안 주면 대번에 알 수 있다). 식물은 묵묵히 잎을 움직이고, 덩굴을 휘감고, 꽃받침을 펼치며 모습을 바꾼다. 어떨 땐 몇 날 며칠씩 꼼짝 않고 앉아서 조용히 맡은 일을 해내는 것 같다. 지난 며칠 동안 시간당 1mm씩 자라다가 오늘 아침 불과 네 시간 만에 초록빛 원통 꽃봉오리를 커다란 주황색 나팔로 바꿔 놓은 여기 이 백합처럼 말이다. 말 그대로 정중동靜中動이다.

식물은 우리와 다른 속도로 산다. 그렇기에 식물을 관찰하려면 무엇보다 시간과 인내가 필요하고 우리의 감각을 증폭시킬 수단도 필요하다. 카메라로 녹화한 영상을 빠른 속도로 돌려 보는 방법이 대표적이다. 식물은 종마다 제각기 다른 동작으로 꽃을 피운다. 따라서 여러 식물의 개화 장면을 녹화해서 돌려 보면 정말로 다채롭기 그지없는 안무를 감상할 수 있다. 그 기계적 춤을 맨눈으로 감상하고 싶다면 우리의 초침을 식물의 느릿한 시곗바늘에 맞추고, 빠른 동작에 익숙한 우리 눈에 저속 촬영low speed cinematography* 기능을 추가해서 식물의 속도로 느리게, 느리게 걸어야 할 것이다.

저마다 때가 있다

모든 꽃은 중요한 임무를 띠고 세상에 온다. 가루받이를 도와 종을 보존해 줄 곤충을 제때 불러들이는 일이다. 꽃은 개점 시간이 저마다 다른 '임시 가게'다. 딱 한 번만 문을 열지만 일단 열었다 하면 며칠씩 영업하는 종이 있는가 하면, 주기적으로 문을 여닫는 종도 있다. 아침 일찍 열었다가 해가 지면 퇴근하는

---

* 정상 속도보다 느리게 촬영하는 기법. 저속 촬영한 영상을 재생하면 사물의 움직임이 본래 속도보다 빠르게 보인다. 개화나 일출, 일몰 장면 등을 촬영할 때 자주 쓰인다.

녀석이 있는가 하면, 야간 근무를 좋아하는 녀석도 있고, 24시간 영업하는 녀석, 불과 몇 시간만 문을 여는 녀석도 있다. 그래도 가게의 고객들은 고르고 고른 우수 단골들이어서 수요를 예측할 수 있다는 장점이 있다.

가게 문을 열자면 쇼윈도와 블라인드는 기본이고 셔터를 걸어 올릴 모터도 준비해야 하며 제때제때 모터를 작동할 센서도 갖춰야 한다. 이렇게 개점 준비에 걸리는 시간은 식물마다 모두 다르다. 백합은 네 시간이면 봉오리를 열어젖히지만, 칼랑코에 *Kalanchoe*는 꽃송이가 훨씬 작은데도 다섯 시간이나 걸린다. 부지런한 달맞이꽃*Oenothera*은 20분 동안 활짝 피어 있는데, 날쌘돌이 담쟁이*Parthenocissus*의 꽃은 10분도 채 안 피고 문을 닫는다.

이런 동작을 맨눈으로 볼 수 있다면 좋으련만, 애석하게도 식물은 너무나 자디잔 걸음으로 움직인다. 특히 장미*Rosa*의 느린 행보를 지켜보다가는 속이 터질지도 모른다. 이러다가 오늘부터 장미가 게으름뱅이라는 소문이 퍼질지도 모르겠지만, 장미는 꽃봉오리가 처음 움직인 순간부터 완전히 다 필 때까지 일주일이나 걸린다. 정말이지 느려터진 굼벵이가 아닐 수 없다. 하지만 우리가 한철 내내 장미를 즐길 수 있는 까닭이 알고 보면 장미의 게으름 덕분이니 부디 나무라지 말기를.

다시 백합 이야기로 돌아가자. 아침 시간인 만큼 내가 바라보던 백합은 지금 꽃을 피우려고 준비하고 있다. 정원의 다른 식물들은 해가 뜨기도 전에 이미 개화 준비에 돌입했고, 벌써 봉오리를 열었다가 도로 닫아 버린 녀석들도 많다. 무궁화속 꽃인 히비스커스*Hibiscus*는 새벽 4시에서 아침 8시 사이에 꽃을 피우고 밤 동안 다시 봉오리를 닫는다. 원추리*Hemerocallis fulva*는 거의 같은 시간에 개장 준비를 시작해서 해가 지면 문을 닫아걸었다가 해가 뜨면 다시 문을 연다. 장구채*Silene* 역시 해가 뜨면 꽃을 피우지만, 이후 닷새 동안 연속으로 밤새 가게 문을 닫지 않는다. 반대로 키트리나원추리*Hemerocallis citrina*는 해가 져야 가게를 열고, 사데풀*Sonchus brachyotus*의 작은 꽃은 잠꾸러기 고객을 타깃으로 삼아 정오 무렵에야 피기 시작한다. 한편에서는 노랑보리패랭이꽃*Tragopogon pratensis**이 그 무렵 벌써 가게 문을 닫는다. 녀석은 대략 아침 7시부터 10시까지만 영업하기 때문이다.

식물은 각자의 가루받이 방식에 따라 센서 체계를 갖추고 개장에 필요한 요인들이 정확하게 맞아떨어지는지 열심히 살핀다. 그래서 다육 식물들은 몇 달 동안 봉오리를 닫고 있다가 온도와 빛의 칵테일이 완벽하게 조화를 이룰 때 비로소 꽃을 피운다. 온도가 열쇠인 종도 많지만, 빛의 성질이 결정적 요인인 종도 있고, 밤의 길이나 습도가 개화를 좌우하는 종도 있다. 이 모

---

* 쇠채아재비의 일종으로 '노랑보리패랭이꽃'이라고 부르기는 하나 국가생물종지식정보시스템에는 등록되지 않은 이름이다.

든 요인이 제대로 결합해 하루 중 특정 시간, 1년 중 특정 시기, 즉 가게의 상품에 관심을 보일 손님들이 몰려올 확률이 가장 높을 때, 꽃의 개화 운동이 촉발하는 것이다. 식물이 꽃을 피우는 데 최대한 많은 요인을 고려하는 까닭은 실수를 최소화하기 위해서다. 그래야 겨울에 기온이 크게 오른 날이나 여름에 습도가 높은 날 꽃을 피우는 실수를 줄일 수 있을 테니까.

꽃잎과 뜨개질의 메커니즘

모든 메커니즘에는 나름의 장치가 있다. 꽃을 피우는 데 필요한 장치는 꽃잎*과 꽃덮이조각**, 잎맥과 세포다. 꽃부리***의 꽃잎들은 대개 날씬하고 잘 휘는 모양을 하고 있다. 마치 납작한 샌드위치처럼 두 겹의 외피 사이에 세포와 잎맥이 끼어 있다. 세포들은 모양이 불규칙하며 두서없이 흩어져 있고, 세포와 세포 사이 공간은 텅 비었다. 그 사이로 적어도 하나의 잎맥이 지

---

*　꽃을 이루고 있는 하나하나의 잎.
**　꽃부리와 꽃받침을 통틀어 '꽃덮이'라고 하며, 꽃덮이를 이루는 조각 하나하나를 '꽃덮이조각'이라 한다.
***　꽃잎 전체를 이르는 말. 꽃받침과 함께 꽃술을 보호한다. 꽃잎이 하나씩 갈라져 있는 것을 '갈래꽃부리', 합쳐 있는 것을 '통꽃부리'라고 한다.

나간다. 나뭇잎을 단순화한 것 같은, 살짝 무질서한 모습이라고 생각하면 쉽다. 세포벽은 뻣뻣하지는 않지만 그렇다고 우리 생각만큼 약하지도 않다. 오히려 상상 이상으로 탄력이 뛰어나다. 그래서 평행육면체(일종의 3차원 평행사변형)가 풍선 모양으로 둥글어질 때까지 팽창할 수 있고, 모양이 바뀌어도 터지지 않는다. 한껏 부풀었다가도 내용물이 사라지면 다시 주름 하나 없이 원래의 각진 형태로 돌아간다.

이 같은 꽃잎의 구조에는 독자적이고 의도적으로 움직일 수 있는 장치가 없다. 따라서 닫혀 있던 꽃부리가 열리는 비밀은 꽃잎의 형태와 그 성분에 숨어 있다. 더 정확히 말하면, 거의 모든 식물은 꽃부리의 굴곡이 역동적으로 변화함으로써 꽃이 핀다. 이 현상은 딱 한 번만 일어날 수도 있고(꽃이 피면 임무를 마치고 시든다), 여러 번 일어날 수도 있다(꽃이 주기적으로 피고 진다).

백합은 개화 과정이 단 네 시간 안에 종결된다. 땅에 뿌리를 내리고 자라는 온전한 상태에서도, 꺾어 꽃병에 꽂힌 상태에서도 마찬가지다. 개화 과정은 두 단계를 거친다. 해뜨기 직전 세 시간 동안 봉오리 끝부분이 천천히 열리다가 해가 뜨면 동작이 빨라져서 채 한 시간도 지나지 않아 꽃부리 전체가 활짝 열린다. 마지막에는 모든 꽃잎이 감자칩처럼 안장 모양이 되며, 가장자리는 물결 모양이 된다. 그 이유를 설명하기 위해서는 뜨개질 마니아들의 털실 뭉치를 예로 드는 게 제일 좋을 것 같다.

뜨개질 좀 한다는 사람들에게 곡선 모양은 어떻게 만드느냐고 물어보면 아마 코 수를 늘리거나 줄여야 한다고 대답할 것이다. 목도리를 뜰 때 중간에서 가장자리로 갈수록 코 수를 늘리면 목도리는 안장처럼 살짝 불룩해진다. 가장자리의 폭이 넓어지면서 표면이 활 모양으로 휘기 때문이다. 여기서 멈추지 않고 코 수를 자꾸 늘리면 단순한 안장 모양을 넘어 가장자리를 따라 주름진 만곡이 생긴다. 백합꽃이 피는 메커니즘도 이와 같다. 꽃잎의 가장자리 부분이 가운데보다 더 빨리 자라는 까닭에 뜨개 목도리처럼 안장 모양으로 점점 휘어지다가 가장자리에 주름이 잡힌다.

이게 정말 꽃잎의 메커니즘이냐고? 정말 그렇다. 뜨개질과 정원과 역학에 관심이 많은 몇몇 학자들이 비디오카메라로 백합을 촬영해 빠르게 돌려도 보고 꽃부리 몇 개를 해부도 해 보았다. 그랬더니 닫힌 꽃에서 중앙의 잎맥을 살짝 제거해도 꽃이 피었지만, 꽃잎의 가장자리를 잘라 내면 안장 모양이 되지 못하고 꽃봉오리도 열리지 않았다. 연구자들은 처음에는 종이나 플라스틱으로 이 과정을 재현해 보려 했으나 실패했고, 결국 뜨개실과 바늘을 이용해 성공을 거두었다.

정원을 방치하는 정원사들이 잘 써먹는 핑계 중에 '다양성'이라는 구호가 있는데, 모든 식물은 바로 그 다양성의 이름으로 저마다 다른 개화 메커니즘을 가동한다. 튤립*Tulipa*은 꽃잎의 가로 폭 성장 속도가 부위에 따라 달라서 꽃을 피울 수 있다. 꽃잎 안쪽이 가장자리보다 더 빨리 자라서 결국 안장 모양이 되면서 꽃부리가 열리는 것이다. 이와 달리 메꽃*Calystegia*은 꽃잎이 하나로 딱 붙어 있어서 주름치마 모양 꽃을 피운다. 이른 아침 하얀 주름치마를 활짝 펼쳤다가 늦은 오후가 되면 꽃잎을 다시 오므리는데, 이때는 우산대 기능을 하는 가운데 잎맥 세포만이 움직여 꽃잎의 나머지 부분을 감아서 안쪽으로 잡아당긴다.

사실 이 모든 경우에서 '움직임'은 세포의 개수를 늘리는 방식이 아니라 세포의 길이 연장을 달리하는 방식으로 진행된다. 따라서 뜨개질 코 수와 비교하는 설명은 살짝 혼란을 일으킬 소지가 있다. 정확히 말하면 꽃잎의 표면이 넓어지는 것은 세포가 '많아'져서가 아니라 '길어'졌기 때문이다. 백합의 가장자리 세포들이 물로 배를 채워 다른 세포들보다 더 길어지는 것이다. 꽃잎이 열릴 때는 배를 빵빵하게 채우고 닫힐 때는 양을 줄여 제각기 탄력적으로 모양을 바꾼다.

그러나 이 메커니즘만으로는 백합과 같은 '민첩한' 동작을 설명하기에 역부족이다. 특히 개화의 두 단계가 각기 다른 속도로 진행되는 이유는 이것만으로 도저히 설명이 안 된다. 백합은 해가 뜨기 전에는 거의 못 알아볼 정도로 느리게 움직이지만, 해가 뜨면 훨씬 빠르게 움직인다. 이러한 속도 차이를 내려면 또 다른 무언가가 있어야 한다.

해답은 계속해서 쌓이는 에너지와 개화를 늦추는 메커니즘에 있다. 꽃잎들이 점차 아치 모양으로 부풀어 오르는 동안 일종의 물리적 빗장이 철컥 걸리는 것이다. 백합이 초록색 꽃봉오리 상태일 때, 꽃부리는 비슷하면서도 모양이 조금 다른 여섯 개의 요소로 이루어져 있다. 구분하자면 안쪽에 자리 잡은 세 개는 꽃잎이고, 바깥쪽의 세 개는 꽃받침이다. 때가 되면 모두 앞에서 말한 안장 모양으로 불룩해지지만, 자잘한 주름이 잡히기 때문에 바깥쪽 꽃받침의 일부 모서리가 벌어지지 않고 입을 꼭 다문다. 물결 모양 굴곡이 서로 얽히면서 빗장 역할을 하는 것이다. 물론 빗장의 힘은 정말로 약하지만, 안쪽에서 부풀어 오르는 힘이 한계를 넘어서기 전까지는 의연하게 견딘다. 꽃은 4~5일 동안 자라는데, 이 시기에 꽃잎과 꽃받침이 천천히 구부러진다. 그러다가 개화의 그날, 동트기 세 시간 전부터 부풀어 오르는 속도가 빨라져서 안쪽에 에너지가 가득 쌓이면 바깥쪽에 포개져 있던 주름이 더는 버티지 못하고 빗장을 풀어 버린다. 이로써 반쯤 열렸던 꽃부리가 불과 한 시간여 만에 완전히 활짝 핀다.

그러니까 백합의 가장자리 레이스는 인간이 보고 좋아하라고 만든 예쁜 장식품이 아니라 에너지 장벽이다. 그 장벽이 무너지는 순간 축적된 모든 에너지가 운동 에너지로 전환되고, 꽃은 제때를 맞춰 활짝 피어난다.

밤
꽃잎이 닫혀 있다.

일출
꽃잎이 서서히 열리기
시작한다.

오전
꽃잎이 완전히 열렸다.
꽃잎과 꽃받침은
안장 모양으로 열리고,
꽃잎 가장자리는
물결 모양이 된다.

백합 꽃잎이 열리는 과정

탄력적인 물 근육 시스템

잔디에 물을 주려다가 호스가 멋대로 날뛰는 바람에 잡으려고 쫓아다닌 경험이 있는가? 수도꼭지 쪽에 있던 사람은 당신이 호스를 잡고 물을 줄 준비를 마쳤다고 생각했겠지만, 실은 너무 일찍 물을 트는 바람에 이쪽에서 호스를 잡기도 전에 축 늘어져 있던 호스가 갑자기 뱀처럼 몸을 꿈틀거리면서 물을 뱉어 냈을 것이다. 식물이 몸을 움직이기 위해 사용하는 남모르는 비결도 이와 다르지 않다. 탄력적인 시스템 안에서 물을 이동시켜 압력을 바꾸는 것이다. 호스가 뻣뻣하고 물이 조금씩 이동할수록 호스의 움직임은 덜하다. 반대로 호스가 탄력적이고 수압이 강할수록 물뱀은 더 힘차게 몸을 비틀 것이다.

꽃잎이나 잎맥, 나뭇가지에 붙은 잎과 덩굴 식물의 덩굴이 움직이는 현상은 거의 모두 물 호스가 꿈틀대는 것과 같은 원리로 작동한다. 이 움직임을 담당하는 세포는 아주 작은 풍선처럼 행동하면서 압력에 견디는 강도는 자동차 타이어보다 다섯 배에서 열 배 정도 더 크다.

자, 지금부터 아주 가까이 다닥다닥 붙어 긴 끈처럼 늘어선 세포들을 상상해 보자. 이들은 첫 번째 세포에서 마지막 세포까지 물이 오갈 수 있을 정도로 서로 단단히 결합해 있고, 내부에서 압력이 가해지면 세포벽이 파괴되지 않고 모양이 바뀔 정도로 탄력이 뛰어나다. 지금 우리가 상상한 이 호스 시스템은 식물 세계의 아주 중요한 엔진이다. 세포 내부에서 작용하는 압력을 '팽압'이라고 한다. 팽압은 의도적으로 한 세포에서 다음 세포로 물을 전달해, 한 세포는 터질 듯 부풀어 오르게 하고 근처 다른 세포는 바람 빠진 풍선처럼 축 늘어지게 하는 압력이다. 세포막처럼 반투과성 막이 앞을 가로막을 때, 물은 삼투 현상에 따라 농도가 낮은 쪽에서 높은 쪽으로 이동한다. 이 게임을 제일 잘하는 물질이 소금과 몇 가지 아미노산이며, 식물이 많이 함유한 과당, 포도당, 만니톨 같은 단당류들이다. 그러니까 겉보기에는 세포끼리 물을 전달함으로써 꽃잎을 움직이게 하는 것 같지만, 알고 보면 인접한 세포들에서 용해 물질의 농도가 변하는 것이 진짜 원인이다. 백합 꽃잎의 가장자리 세포와 가운데 세포 사이에서도 이런 일이 벌어진다.

고속으로 재생해 보는 꽃의 안무가 그토록 매력적인 이유는 특별히 선별된 탄력적인 세포들에서 여러 물질이 질서정연하게 재편되기 때문이다. 여기서는 탄수화물이 특히 중요한 역할을 하는데, 꽃이 필 때는 특정 세포에서 탄수화물의 농도가 짙어지고 꽃이 질 때는 옅어진다. 그 원인을 살펴보려면 세포의 미세한 세계를 빠져나와 정원이나 꽃이 가득 담긴 꽃병의 현실 세계로 되돌아와야 한다.

꽃잎으로 물을 끌어오는 탄수화물은 녹말이나 프럭탄 같은 다당류인데, 이것들은 어릴 때부터 꽃에 저장되거나, 자라면서 뿌리 또는 뿌리 근처 잎에서 꽃 쪽으로 이송된다. 둘 중 어떤 방법을 택할지는 종에 따라 다르며, 그 방법에 따라 꽃병에 꽂아둔 꽃의 행동이 달라진다. 장미나 프리지아*Freesia*, 글라디올러스*Gladiolus*는 꽃봉오리에 탄수화물을 아주 조금만 저장하므로 꽃을 피우는 데 필요한 거의 모든 탄수화물을 뿌리에서 줄기를 통해 가지고 온다. 이런 꽃을 꺾으면 삼투 현상을 일으키는 데 필요한 자원을 공급받을 수 없어서 개화 메커니즘이 제대로 작동하지 못한다. 그래서 이 분야 전문가들은 이런 종류의 꽃을 오래 두고 보고 싶을 때 꽃병의 물에 설탕이나 소금을 조금 탄다. 반대로 백합, 마가렛*Argyranthemum*, 해바라기*Helianthus*, 거베라*Gerbera*, 아티초크*Cynara cardunculus*, 목련*Magnolia* 같은 식물은 프럭탄이나 전분을 애당초 꽃차례에 저장하고 있어서 줄기가 잘려도 아무 문제 없이 꽃을 피울 수 있다.

국화과^Compositae^ 식물의 행동은 또 다르다. 국화는 뿌리에서 물과 당을 끌어오지 않아도 꽃을 피울 수 있다. 꽃을 피울 때가 되면 잎과 다른 초록 부분을 시들게 해서 필요한 물질을 끌어온다. 이런 행동은 진화를 거치며 터득한 적응의 결과로, 이 덕분에 국화는 심한 가뭄이 들어도 꽃을 피울 수 있다. 그래서 사람들은 무덤을 찾을 때 주로 국화를 가져간다. 죽은 사람은 매일 꽃에 물을 줄 수 없으니까.

식물이라는 온도계

어영부영하는 사이에 오전이 절반이나 지났다. 우리 백합은 화려함의 절정에 도달했다. 하지만 여전히 의문은 남는다. 식물은 꽃 피울 때를 어떻게 알까?

식물의 개화 프로젝트에서 중심 역할을 하는 것은 '피토크로뮴'이라는 이름의 생화학적 스위치다. 식물의 단백질 색소 중 하나인 피토크로뮴은 빛의 유무, 일조 시간, 빛의 특성에 따라 식물의 생장 반응을 조절한다. 피토크로뮴은 파장 660nm인 밝은 적색 빛을 잘 흡수하는 Pr 형태와 파장 730nm의 원적외선 빛을 잘 흡수하는 Pfr 형태가 함께 존재하는데, 흡수하는 빛의 종류에 따라 두 가지 형태를 오갈 수 있다. Pr 형태의 피토크로뮴이 밝은 적색 빛을 흡수하면 재빨리 Pfr 형태로 구조를 바꿔 원적외선 빛만 흡수하기 시작한다. 이 상태가 식물의 생장 반응이 일어나는 활성 상태다. Pfr 형태의 피토크로뮴이 원적외선 빛을 흡수하면 다시 비활성 상태인 Pr 형태로 돌아간다.

지구상의 한 지역에 어떤 파장의 빛이 많이 도달할지는 태양과의 거리와 투사각에 따라 달라지므로 계절과 위도의 영향을 크게 받는다. 따라서 피토크로뮴은 부지런히 빛을 감지해 식물이 생존하는 데 필요한 여러 기능을 연중 기상 변화와 장소에 맞게끔 조절해 준다. 감자 씨알의 성장, 밤나무 싹의 겨울 휴지

기, 성장과 재생산 단계, 씨앗의 발아, 개화 등이 모두 피토크로
뮴의 활동으로 조절되는 기능이다.

이런 시스템에 분 단위의 정확도를 요구하는 식물도 많다. 예
를 들어 사리풀*Hyoscyamus niger*은 기준치보다 20~30분 정도 더 어
둡거나 덜 어두워도 벌써 꽃잎을 열거나 닫아 버린다. 극지방에
가까워질수록 식물의 반응이 더 예민해져서 몇몇 종은 북쪽으
로 300~400km만 더 이동해도 개화 시기가 완전히 달라질 수
있다. 그러나 개화 시기를 정하는 데는 빛보다 밤의 길이가 더
크게 영향을 미친다. 일조 시간이 열두 시간 이상이어야 꽃봉오
리를 맺는 식물을 장일 식물(감자, 시금치 등), 그보다 일조 시간이
짧아야 꽃눈을 형성하는 식물을 단일 식물(국화, 다알리아, 제비꽃
등)로 분류하는데, 사실 식물의 동작을 조절하는 것은 어둠의 양
이다.

특히 우리의 백합처럼 이른 아침에 꽃을 피우는 종은 해 뜨
기 전 어둠의 길이가 개화에 큰 영향을 미치며, 일반적으로 그
길이는 계절에 따라 달라진다. 즉, 개화 시기는 밤낮 주기의 변
화와 밀접하게 관련이 있다. 만약 우리가 한밤중에 빛을 비추
고 대낮에 빛을 차단하는 식으로 백합을 괴롭히면 꽃은 아침이
아니라 오후 4시와 저녁 8시 사이에 핀다. 괴롭힘의 강도를 높
여 밤의 길이를 더 늘인다면 개화 시점은 더욱 밤 시간대로 이
동할 것이다. 이미 말했듯 변화의 원인이 빛의 양이 아니라 어

둠의 양이기 때문이다. 빛이 사라지면 피토크로뮴 스위치는 꺼진다.

우리는 이 원리를 텃밭을 일구거나 정원을 가꿀 때 활용할 수 있다. 가령 밤의 길이가 충분히 길지 않은 시기에 샐러드용 채소 씨앗을 뿌리면 꽃이 얼른 필 것이고, 위도상의 위치가 알맞지 않아 좀처럼 꽃이 피지 않는 관상용 식물이 있다면 필요한 빛을 인위적으로 공급해 개화를 촉진할 수 있을 것이다. 이런 방법을 활용하는 대표적인 식물이 크리스마스 무렵에 많이 팔리는 포인세티아*Euphorbia pulcherrima*인데, 사람들이 녀석을 괴롭혀 억지로 12월에 꽃을 피우게 만든 것이다. 동전에 양면이 있듯이 개화 조작에도 장단점이 있다. 온실의 맞춤 조건에서 꽃을 피운 식물을 사서 집으로 데려올 때는 집에서도 같은 시간대에 꽃을 피우리라 기대해서는 안 된다. 녀석이 보기엔 새로 이사 온 집의 밤낮 순서가 틀렸으니까.

피토크로뮴은 식물이 연중 올바른 시기에 꽃을 피우는 데 결정적인 역할을 하지만, 가게 문을 열기 위해서는 다른 요인도 제대로 맞아야 한다. 빛의 양과 종류, 온도, 습도가 바로 그 요인들이다. 이 네 가지 중에서 한두 가지가 다른 것들보다 중요할 수는 있어도, 한 가지 요인이 개화를 전적으로 책임지는 경우는 극히 드물다.

그런데 튤립, 크로커스*Crocus*, 바람꽃*Anemone* 등은 꽃을 피우고 닫는 온도의 차이가 10℃가량이다. 즉, 거의 온도에 의해서 꽃부리가 움직이는 것이다. 이런 현상은 상대적으로 추운 계절에 꽃을 피우는 식물에서 자주 볼 수 있다. 가루받이를 도와줄 곤충을 찾을 수 있느냐 없느냐가 바로 '지금'의 기온에 달렸기 때문이다. 튤립은 설사 어둠 속에 있다 해도 기온이 20℃ 정도에 이르면 꽃잎을 열었다가 다시 5℃쯤으로 떨어지면 냉큼 닫아버린다.

　계절이 여름으로 향할수록 꽃잎을 여는 데 더 높은 온도가 필요하다. 미나리아재비*Ranunculus*는 튤립보다 5~10℃쯤 더 기온이 올라야 꽃봉오리를 연다. 더 여름에 피는 꽃인 쇠비름*Portulaca oleracea*은 당연히 더 높은 온도에서 꽃을 피우므로 기온이 20℃이상 올라야 비로소 꽃잎을 여는데, 온도 못지않게 빛도 넉넉해야 한다. 단, 빛이 아무리 넉넉해도 기온이 필요한 만큼 오르지 않으면 꽃은 절대 피지 않는다.

　어스름 녘이나 밤에 꽃을 피우는 종은 적당한 양의 빛과 더불어 습도의 영향을 크게 받는다. 그리고 일정한 주기로 꽃을 피우는 식물은 습도 이외에 일주기 리듬에도 의존한다. '서캐디언 리듬'이라고도 하는 이 주기 시스템 덕분에 모든 생물체 내부에서 다양한 활동이 하루 중 정확한 때에 일어난다. 그러나 인간을 포함한 포유동물의 주기 시스템이 중앙 집중 방식인 것과 달리 식물은 분산적이고 자율적이다. 다시 말해 모든 잎과 가지,

기관, 꽃 들이 환경 조건을 살필 수 있는 시스템을 따로따로 갖추고 있다는 뜻이다. 그래서 꽃이든 잎이든 제가끔 자기가 놓인 상황에 맞춰 정확하게 대응할 수 있다. 그 결과 한 나무의 가지끼리도 위치에 따라 햇빛을 많이 받는 쪽이 그늘진 곳의 형제들보다 먼저 꽃을 피운다.

이렇듯 수많은 요인 가운데 하나가 변하면 식물의 행동도 덩달아 달라진다. 식물들이 지극히 복잡한 독자적 체계를 갖춘 만큼 우리가 예상해서 대비해야 할 문제 역시 매우 복잡하다. 그런데 정원 좀 가꾸자고 이 모든 지식을 다 알아야만 할까? 뭐, 하나라도 더 알면 그만큼 식물을 보살피기가 수월할 것이다. 식물은 우리가 짐작하는 것보다 훨씬 복잡한 생명체니까.

모든 식물 종은 비용과 효과의 균형을 맞추기 위해 나름의 해결 방안을 개발했다. 한 예로 페튜니아*Petunia*는 온종일 꽃을 피우고 있더라도 향기의 수도꼭지는 선별적으로 연다. 한 번 핀 꽃은 24시간 내내 활짝 피어 있지만, 향기 물질은 가루받이를 도와줄 나방이 활동하는 시간에 맞추어 밤에만 내뿜는다. 달빛 교교한 밤의 꽃향기라, 이 얼마나 문학적인가! 문학이라는 말이 나왔으니 말이지만 처음으로 꽃의 동작에 관심을 기울인 사람은 과학자가 아니라 문학가였다. 내가 할아버지의 정원을 거닐며 주목했던 백합의 개화 시스템 몇 가지는 요한 볼프강 폰 괴테Johann Wolfgang von Goethe의 귀띔 덕에 밝혀졌다. 어쩌면 괴테도 까마득한 옛날의 어느 봄날 아침에 멍하니 공원을 거닐다가 그 아이디어를 떠올렸을지 모른다고 생각하니 괜히 기분이 좋아진다.

개구쟁이와 덩굴

어린 시절, 오후는 아이들에게 고달픈 시간이었다. 어른들이 쉬거나 따분한 일을 하므로 시끄럽게 떠들면 안 된다. 점심밥은 이미 먹어 치웠고, 창문은 반쯤 닫혔고, 축구 중계 시간은 아직 멀었다. 바람마저 자는 이 한적한 시간에 할 일이라고는 기껏해야 조용히 입 다물고 '멍 때리는 것'뿐이다.

이런 시간이면 나는 모험 이야기를 읽거나 할아버지의 정원으로 피신하곤 했다. 가위를 손에 들고 계절 식물 연구에 열을 올리다가 구석에서 특이한 모양의 식물을 찾아내기라도 하면 그것으로 이야기에 등장하는 물건을 만들었다. 직선으로 자라다가 돌돌 말리는 오이*Cucumis sativus*와 시계꽃*Passiflora caerulea*의 덩굴손은 해적선 쇠갈고리로 쓰면 안성맞춤이다. 이 녀석들은 긴 밧줄에 붙은 네 개의 톱니 갈고리를 이용해 불쌍한 제물을 붙들어 꽁꽁 묶는다.

오이와 시계꽃을 세심하게 관찰해 본 사람이라면 덩굴 식물들의 덩굴손이 처음부터 코르크 따개 모양으로 돌돌 말리는 게 아니라는 사실을 알 것이다. 덩굴손은 직선으로 길게 쭉 뻗어 나가면서 주변을 탐색하다가 붙들 것을 찾으면 그때부터 몸을 꼬면서 간격을 좁힌다. 혹여 가혹한 운명의 장난 탓에 붙들 곳을 찾지 못하면 제 몸을 돌돌 말아서 소용돌이 모양이 되어 허공으로 솟아오른다.

우리의 맨눈으로는 녀석들의 이런 동작을 볼 수 없다. 오이와 인간의 시간이 다르게 흐르는 까닭이다. 그러나 어린 시절 그 따분했던 오후에 내가 꿈꾸었던 것처럼 저속 촬영 장치만 있다면 우리도 충분히 녀석들의 움직임을 관찰할 수 있다.

저속 촬영 영상을 재생해 보면 환삼덩굴*Humulus japonicus*이나 시계꽃의 덩굴손은 엄청나게 느린 카우보이의 올가미처럼 천천히 공중을 빙빙 돌면서 붙들 곳을 찾아 헤맨다. 붙들 곳을 찾을 때까지는 쉬지 않고 그 동작을 반복한다. 이런 동작을 하자면 완벽하게 배열된 세포들이 번갈아 가며 축 늘어졌다 팽팽하게 부풀기를 반복해야 한다. 이 과정이 나선 모양으로 진행되기 때문에 회전 운동이 발생하는 것이고, 그때 덩굴손의 끝부분은 올가미를 공중으로 끌어올린다. 덩굴손은 원을 그리며 움직이는데 길이가 길어질수록 원의 반경도 커진다. 그러다가 끝부분이 무언가에 닿으면 그것을 꽉 붙들어 칭칭 감기 시작하므로 식물 몸통과 붙여 잡은 끝부분 사이는 쭉 뻗은 직선으로 남게 된다. 붙잡을 곳을 발견해서 그것을 휘감고 나면 이제 덩굴손은 끝부분을 꽉 부여잡은 채로 자신의 세로축을 중심으로 반대 방향으로 돌기 시작한다.

그 결과 몇 시간 만에 두 개의 나선(하나는 시계 방향, 다른 하나는 시계 반

덩굴손의 기하학적 원리

대 방향)이 만들어지는데, 일정 지점부터는 이것들이 어찌나 서로 단단히 감기는지 가운데 부분은 이러지도 저러지도 못하는 상태가 된다. 이 방향으로도, 저 방향으로도 회전할 수가 없다 보니 결국 가운데 부분은 두 나선을 연결하는 일종의 직선 다리로 남는다.

고무줄을 비비 꼬아도 같은 현상을 볼 수 있다. 고무줄의 한쪽 끝을 꽉 잡고 다른 끝을 돌리면 평범한 용수철 모양이 되지만, 양쪽 끝을 붙잡고 동시에 꼬면 이중의 나선이 생기고, 꼬임의 정도가 일정 수준에 도달하면 가운데 부분에서 서로 반대 방향으로 돌던 꼬임 현상이 중단된다. 전환점인 것이다. 이것이 바로 평범한 용수철과는 다른 덩굴손만의 역학적 재능이다. 덩굴손은 한 줄기 바람이 지나가거나, 사람이 지나가다가 툭 건드리거나, 식물 자체의 무게가 서서히 늘어나는 등 미세한 자극을 받으면 탄성을 발휘한다. 하지만 바람이 계속 불거나 과일을 딸 때처럼 더 큰 강도의 자극이 오면 끄떡도 하지 않는다. 나선이 끈처럼 풀리지 않고 더 돌돌 말려서 전체 구조의 저항력을 높이는 것이다. 덕분에 자극이 지나간 후 다시 처음의 형태와 원래의 상태로 돌아가는 능력이 뛰어나다.

어린 시절 할아버지 정원에서 따분한 오후 시간을 보낼 때 나는 저속 촬영 장치와 더불어 확대경도 있으면 좋겠다고 생각했다. 만일 그게 있었다면 덩굴손 내부 세포의 배열과 변화를 눈으로 볼 수 있었을 것이다. 덩굴손이 붙들 것을 찾아서 칭칭 휘감고 나면 곧바로 내부 구조에 여러 가지 변화가 생기면서 이전에는 없던 섬유의 나선이 만들어진다. 이는 세포층이 둘로 분리되어 있기에 가능한 일이다. 더 정확히는 바깥쪽 세포층은 부드럽고, 안쪽 세포층은 뻣뻣하기 때문이다. 이 두 층은 동시에 수축하지 않는다. 안쪽의 뻣뻣한 층이 물을 더 빨리 배출해서 바깥층보다 더 빠르게 길이대로 오그라들면서 나선 모양으로 돌돌 말리는 것이다. 이를 되돌릴 방법은 한 가지뿐이다. 안쪽 층을 물에 담그면 세포가 다시 물을 빨아들여 길이가 늘어나므로 꼬인 덩굴손이 풀린다.

꽃의 시간은 다르게 흐른다

칼 폰 린네Carl von Linné로 알려진 존경하는 린네우스Linnæus* 선생은 '공로가 지대하다'는 표현이 과하지 않을 만큼 위대한 업적을 세웠다. 그는 수많은 식물과 동물을 수집하고 연구해 전 세계 식물 대부분을 분류할 수 있는 보편적 기준을 세웠다.

또 오랫동안 식물들을 관찰해 스웨덴 북부 웁살라의 정원에서 자라는 몇몇 꽃이 규칙적으로 피고 지며, 그 시간은 시계를 맞추어도 될 만큼 상당히 정확하다는 사실을 발견했다. 그는 즉시 말린 식물 표본과 나침반을 이용해 시계로 쓸 화단을 계획했고, 스웨덴 기후에 잘 적응한 식물을 모두 모아 목록을 작성한 다음, 그것을 시간대별로 배열했다. 이를 테면 9시에 피는 조밥나물Hieracium, 민들레Taraxacum, 뚜껑별꽃Anagallis arvensis, 10시에 피는 금잔화Calendula officinalis, 11시에 피는 캘리포니아포피Eschscholzia californica를 순서대로 심는 식이었다. 린네는 이렇게 모든 종을 개화 순서대로 배열하면 시계를 만들 수 있다고 주

---

* 린네의 원래 이름은 '칼 린네우스'이고, 칼 폰 린네는 1761년에 스웨덴 왕 아돌프 프레드릭이 귀족 작위와 함께 하사한 이름이다.

장했으며 1751년, 이 꽃밭에 '꽃시계horologium florae'라는 이름을 직접 붙여 주었다.

린네는 자연주의적 실증주의에 한껏 사로잡혀 꽃시계에 사용할 식물만 넉넉하다면 스웨덴의 모든 기계 시계를 은퇴시킬 수 있을 거라고 호언장담했다. 린네가 구상한 가장 단순한 꽃시계는 대형 화단을 열두 면으로 나눈 것으로, 면마다 해당 시간에 꽃을 피우는 식물을 심으면 된다. 그러나 주기적으로 꽃을 피우는 모든 식물이 시계로 쓰기에 적합하지는 않다는 것을 린네도 알고 있었다. 그래서 그는 꽃시계에 쓸 식물 후보를 세 가지 범주로 분류했다. 첫 번째는 개화 메커니즘이 날씨에 좌우되는 꽃, 둘째는 밤낮의 길이가 중요한 꽃, 마지막은 밤낮의 길이에 딱히 영향을 받지 않는 꽃이다.

그런데 정원에 관해서라면 린네 역시 나처럼 책상머리 샌님이어서 그의 작업은 요즘 사람들이 '콘셉트 디자인'이라고 부르는 개념 설계 수준에 그쳤다. 그러니까 아이디어를 내기는 했으나 실행에 옮기지는 않았고, 그저 훗날 뛰어난 후손이 태어나 자신의 꿈을 실현해 주기를 바랐다는 얘기다. 하지만 린네의 콘셉트를 다른 장소에서 구현해 보려 애썼던 후손들은 위도와 기후의 차이로 말미암아 진땀을 흘릴 수밖에 없었다. 밤낮의 길이에 별로 영향을 받지 않는 식물들조차 웁살라에서 조금만 더 남쪽으로 내려가 스칸디나비아의 혹독한 날씨와 다른 환경에 놓이면 개화 시간이 크게 달라졌기 때문이다.

린네가 꽃시계의 후보 명단에 올린 꽃 가운데 상당수가 사실은 시간이 아니라 위도와 고도에 따라 꽃을 피운다. 밤의 길이(계절에 따라 다르지만, 위도의 영향도 크다)에 특히 민감한 종이 있는가 하면, 기온(시간과 관련 있지만, 기후와 고도, 방향도 중요하다)에 예민하게 반응하는 종이 있고, 습도(일출 무렵~정오, 정오~자정 사이에 크게 변하며 기후의 영향도 크다)가 결정적인 영향을 미치는 종도 있다.

기계 시계는 예나 지금이나 잘도 돌아가는 것을 보면 꽃시계를 만들기란 린네가 생각한 것보다 훨씬 복잡한 일임이 틀림없다. 같은 종도 자라는 장소에 따라 전혀 다른 시간에 꽃을 피우곤 하니 말이다. 그러니 꽃시계를 만들려면 그리니치 천문대가 아니라 녀석들이 뿌리를 내린 장소를 기준으로 표준시를 정해야 할 것이다. 실제로 린네가 후보군으로 뽑은 식물들을 좀 더 적도 쪽으로 데리고 가면 훨씬 늦은 시간에 꽃을 피울 것이고, 달라진 환경 조건에 적응하는 능력 역시 개화에 영향을 미칠 테니까.

시간보다 날씨에 따라 꽃이 피고 지는 경우도 흔하다. 린네는 쇠채아재비*Tragopogon dubius*의 꽃부리가 닫히면 아침 10시를 알리는 시계 종소리가 울린 셈이라고 주장했지만, 녀석도 구름이 자욱한 날에는 몇 시간씩 게으름을 부리기도 한다. 캘리포니아포피 역시 해가 없는 날에는 낮 1시가 되어도 도통 꽃 피울 생각을 안 한다. 개화 시간은 계절에 따라서도 변하고(같은 곳의 민들레도 5월과 6월 말의 개화 시간이 다르다), 장소에 따라서도 달라진다(나팔꽃도 양지바른 곳에 있는 녀석이 그늘에 있는 친구보다 먼저 꽃을 피운다). 식물은 절대적 시간을 재지 않기 때문이다. 시간은 지구 전체에서 똑같이 흐르는 보편적 현상이지만, 식물은 유연하고 가변적인 유기체인 까닭에 변하는 상황에 맞춰 적응해 간다. 식물의 시계는 그저 자신의 생존 욕구에 가장 잘 맞는 시계일 뿐이다.

봄

Sprin g

지난날 우리가 알던
그 정원이 아니다

두 번째 산책

하비 케이틀Harvey Keitel이 열연한 영화 <스모크Smoke>의 주인공 오기 렌에게는 특별한 취미가 있다. 뉴욕 3번가와 7번 애비뉴가 교차하는 모퉁이에서 매일 아침 8시에 자기가 일하는 담배 가게를 한 컷의 사진에 담는 것으로, 그렇게 찍은 사진이 무려 4,000장이 넘는다. 카메라로 순간 포착한 일상은 오기의 말마따나 "다 똑같지만 그래도 차이가" 있다. 정원을 관찰하는 사람의 리듬 역시 이와 다르지 않을 것이다. 매일 아침 순간을 포착할 때는 눈치채지 못하겠지만, 그 사진들을 비교하다 보면 실로 다양한 변화를 깨달을 수 있다.

실제로 이와 비슷한 정원 프로젝트를 실행에 옮긴 사람들이 있다. 어떤 이는 개화 여부나 첫 꽃봉오리 같은 확연한 변화의 순간을 포착하기도 했고, 또 어떤 이는 한 그루 나무가 거쳐 온 삶의 이야기를 사진으로 들려주기도 했다. 영화 <스모크>와 정원 프로젝트에 차이가 있다면 오기의 담배 가게 앞에는 식물이 하나도 없었지만, 영국 노퍽의 존 윌리스John H. Willis 씨네 정원 사진에는 식물이 무척 많다는 것이다. 설강화Galanthus nivalis와 나팔수선화Narcissus bulbocodium가 무리 지어 피었는가 하면 가시칠엽수Aesculus hippocastanum와 자작나무Betula의 가지도 보인다. 그 사진들은 모두 1913년에 시작해서 1942년까지 한 해도 거르지 않고 매년 1월 1일에 찍은 것이다.

오기의 사진이 그렇듯 이것들 역시 다 똑같으면서도 다 다르다. 의도치 않게 엑스트라로 등장한 뉴욕 사람들의 옷차림처럼 노퍽의 설강화와 나팔수선화도 해마다 다른 모습으로 새해를 맞이한다. 몇몇 사진에서는 이미 상당히 자랐고(1913년 1월 1일에는 심지어 꽃눈도 보인다), 어떤 해에는 게으름을 피우는지 성장이 더디다(1940년에는 아직 언 땅에서 나오지도 않았다). 오기의 사진에서는 계절 변화에 따라 달라지는 햇빛의 투사각이 조금씩 다른 결과물을 빚어냈지만, 윌리스의 사진에서는 계절이 변수가 아닌

상수이므로 결과적으로 기후 변화를 살필 수 있다.

실제로 존 윌리스가 사진으로 기록한 설강화와 나팔수선화의 일대기는 정원이라는 제한된 공간에서 기후 변화에 대응하는 유기체들의 행동 방식을 입증한 사례로써, 범지구적 현상 연구의 기록 자료로 인정받았다. 애초에 윌리스가 정원 사진을 찍기 시작한 연유도 예술이 아니라 학술적 목적 때문이었다. 하지만 부수적인 효과도 놀랍기 그지없다. 사진들이 정말로 아름답다! 윌리스는 1944년에 그 사진들을 모아 《날씨에 관하여: 지난 30년의 영국 날씨 Weatherwise: England's weather through the past thirty years》라는 책을 펴냈다. 이 책은 영국 왕립 기상학회의 활동과도 관련이 있으나, 이에 관해서는 조금 뒤에서 살펴보기로 하자.

윌리스는 1875년에서 1948년까지 영국 각지에서 식물 10여 종의 개화와 봄의 소생을 연구했던 300명의 자원자 중 한 사람이었다. 윌리스가 참여했던 프로그램 외에도 세계 각국에서 비슷한 프로젝트가 진행되었거나 진행 중이다. 한 예로 독일에서는 1,500~4,000명이 참여해 식물의 행동을 근거로 계절의 변화를, 거꾸로 계절의 변화를 근거로 식물의 행동을 살피는 프로젝트를 1951년부터 지금까지 계속해 오고 있다. 그리고 스위스 기상청은 이런 종류의 관찰 결과를 바탕으로 농부와 취미 텃밭 농사꾼들에게 농사 정보를 제공한다.

꽃이 피는 순간을 포착하라

이런 종류의 연구 활동은 별난 사람들의 취미 생활이 아니라 생물계절학phenology이라는 학문의 활동 분야다. 생물계절학은 계절적인 변화에 따라 자연계의 동식물이 나타내는 여러 가지 현상을 연구하는 학문이다. 그러니까 연못에 올챙이가 등장하고, 겨울나기를 마친 나무에 싹이 트고, 제비가 왔다 가며, 낙엽이 지는 현상 등이 이 학문의 연구 대상인 것이다. 당연히 세상 모든 정원에서 벌어지는 그 사건, 꽃이 피는 현상도 생물계절학의 연구 대상이다. 기준을 잘 세워 적용하면 생물계절학이 구축한 자료를 바탕으로 특정 사건의 시간에 따른 변화를 연구할 수 있다. 특히 그 사건을 또 다른 특정 변수와 관련지을 수 있는데, 가장 많이 연구되는 변수는 역시나 지구 온난화에 따른 기후 변화다.

앞서 이야기했듯 식물은 기후 조건이 최적일 때만 꽃잎을 펼친다. 유럽 같은 온대 기후대에서는 개화 시기가 계절의 변화에 달렸다. 그중에서도 밤의 길이, 빛의 파장, 대기 온도가 중요한 요인이다. 빛의 특성은 위도에 따라 달라지지만, 온도는 좀 더 복잡해서 그해의 기후와 밀접하게 관련이 있다.

생물계절학은 주로 수많은 식물 종의 개화 시기를 포착하기 위해 데이터를 구축하는데, 그러자면 여러 장소에서 객관적인 자료를 모으는 것이 중요하다. 주관적인 견해나 각 시대의 가치 관에 따라 해석이 달라지지 않는 신뢰할 만한 자료를 얻기 위해 서는 모두가 인정하는 공통 기준이 필요하기 때문이다. 예컨대 개화의 순간을 '우리가 일부러 꽃부리를 건드리지 않아도 꽃가 루주머니와 암술이 보이는 시점'으로 정한다든지, 그렇게 핀 꽃 의 수가 어느 정도여야 하는지, 적어도 몇 군데 장소에서 목격 되어야 하는지 등의 항목에 모두가 동의해야 한다. 독일 기상대 에는 이 밖에도 신뢰할 만한 결과를 얻기 위해서는 최소 20년 동안 식물의 행동을 관찰해야 한다는 규정이 있다.

생물계절학은 재미 삼아 텃밭을 가꾸는 아마추어의 취미 활 동도, 천리안을 가진 연금술도 아니다. 이 학문은 식물의 적응 력을 연구해 앞으로 그 식물들을 어떤 곳에 심으면 좋을지, 또 그것들이 어떻게 행동할지 예측하는 중요한 도구다. 실제로 많 은 나라에서 개인과 공공 기관, 식물원이 참여하는 공동 네트워 크를 운영하고 있으며, 이를 통해 얻은 지식을 정책의 디딤돌로 삼고 있다. 이들 네트워크는 해당 분야의 지식으로 무장한 전문 가들이 관리하므로 부정확한 결과가 나올 위험이 낮고, 연구 장 소를 몇백 년 이상 그대로 유지할 수 있어서 수집한 정보를 장 기 보관하기에도 유리하다. 나아가 통제된 조건에서 이상적인 식물들을 조합할 수 있고, 같은 식물을 멀리 떨어진 여러 지역 에 배치해 관찰하기도 상대적으로 쉽다.

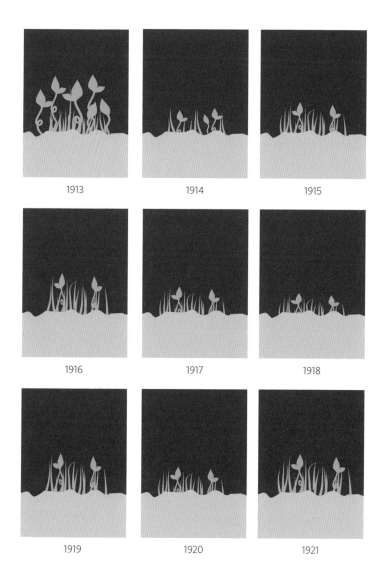

1913   1914   1915

1916   1917   1918

1919   1920   1921

생물계절학 연구로 특정 식물이 기후 변화에 대처하는 반응을
장기적으로 재구성할 수 있다.

한 예로 1959년, 유럽 전역의 식물원 50곳이 참여하고 베를린의 훔볼트 대학이 지휘를 맡은 '국제 생물계절학 정원International Phenological Gardens, IPG'이 출범했다. 이 프로젝트에 참여한 기관들은 연구 범위를 봄의 개화 현상으로 한정하지 않고 1년 내내 꾸준히 식물을 관찰해 잎이 피고, 열매가 익고, 단풍이 들고, 낙엽이 지는 과정도 빠짐없이 기록했다. 그 밖에도 같은 식물(유전변이를 줄이기 위해 한 어미 식물을 휘묻이한 가지)을 여러 곳에 배치해 관찰하고 모든 변화를 꼼꼼히 기록해 기후와의 관련성을 연구했다. 현재 IPG는 아일랜드의 케리에서 루마니아의 시메리아, 프랑스의 앙티브를 거쳐 핀란드의 오울루에 이르기까지, 전 유럽에서 23종의 풀과 나무를 대상으로 6만 5,000건 이상의 관찰 데이터를 보유하고 있다. 바야흐로 식물원이 단순한 전시장을 넘어 과학적 측정 시설로 확고히 자리매김한 것이다.

모두를 위한 시민 참여 과학

1736년에는 아무도 '기후 변화'라는 말을 입에 올리지 않았다. 과학도 지금과는 다른 형태와 의미를 띠었다. 산업 혁명은 아직 걸음마 수준이었고, 린네가 얼마 전에 식물 분류 체계를 도입했으며, 영국 노퍽의 소도시 스트래턴 스트로리스에서 로

버트 마샴Robert Marsham이 이제 막《봄의 징후Indications of Spring》를 집필하기 시작한 참이었다.

이 책은 봄의 시작을 알리는 신호들, 그중에서도 설강화, 바람꽃, 순무Brassica rapa, 산사나무Crataegus pinnatifida의 개화를 아주 정확하게 포착한 기록으로, 영화 <스모크>의 도시 사진과 존 월리스의 정원 사진의 문자 버전이라 할 수 있다. 누군가는 강박증이라고 할 수도 있겠지만, 마샴의 사소하고도 위대한 습관이 탄생시킨《봄의 징후》는 오늘날 가장 오래된 생물계절학의 결과물로 인정받고 있다. 마샴은 죽는 날까지 봄의 신호를 관찰하고 기록하는 습관을 버리지 않았으며 심지어 후손들에게 물려주기까지 했다. 그리하여 무려 211년 동안 기록이 이어졌는데, 애석하게도 1958년에 어떤 작자가 로버트 마샴의 증손자에게 그 행위가 얼마나 무의미한지 아느냐고 지껄이는 바람에 명맥이 끊기고 말았다.

마샴의 기록이 중단된 것은 안타깝지만, 다행히 세계 곳곳에서 식물 애호가들이 비슷한 기록을 남겼고 지금도 이어가고 있다. 미국 위스콘신주의 레오폴드 가문은 1936년부터 1998년까지 관찰 기록을 남겼고, 핀란드의 유혼살로 가문은 1952년에 기록을 시작해 꾸준히 범위를 넓혀 나가고 있으며, 미국 일리노이주에서는 120년 전부터 로빈슨 씨와 그 후손들이 자기 집 정원에 어떤 가루받이 곤충들이 날아와 꽃에 앉는지 관찰하고 있다.

이런 역사적 기록 가운데 다수는 기후 변화에 대응하는 식물의 반응을 살펴보는 데 믿을 만한 자료가 된다는 점에서 매우 가치가 높다. 실제로 학술 기관들도 이들 기록을 분석의 도구로 활용하고 있다. 물론 야생이나 시골 정원에서 개인이 장기적으로 관찰한 기록들은 식물원이나 공동 네트워크의 기록에 비해 활용하기가 조금 더 복잡하다. 야생 식물들은 추위와 가뭄, 다른 개체와의 경쟁 등으로 한 해를 넘기지 못하고 사라져 버릴 위험이 크기 때문이다.

그럼에도 세계 각지의 식물 애호가들이 제공한 자료 중에는 도시에서 기록한 공식적인 데이터에 견주어 전혀 손색없는 것들이 많다. 나아가 공식 기록의 부족한 부분을 훌륭하게 메워 주기도 한다. 식물원이 자리한 도시는 시골과 비교해 온도 상승폭에서 차이가 나기 마련이다. 게다가 식물 종이 다르면 온도 변화에 대한 반응도 다를 것이다. 따라서 개인의 역사적 기록들을 활용하면 그 지역의 환경을 좀 더 상세히 알 수 있을 뿐 아니라, 최대한 많은 수의 식물을 고려할 수 있기에 더 신뢰도 높은 결과를 얻을 수 있다. 더불어 그것을 바탕으로 농업과 원예 분야에서 앞으로 어떤 시나리오가 펼쳐질지 더욱 정확히 예상할 수 있을 것이다.

최근 들어서는 디지털카메라와 다양한 온라인 도구의 보급에 힘입어 생물계절학과 기후 변화 예측에 관심을 둔 수많은 사람이 함께하는 '시민 참여 과학' 프로젝트가 속속 생겨나고 있다. 대표적으로 '프로젝트 버드버스트Project Budburst', '미국 생물계절학 네트워크National Phenology Network', '네이처스 캘린더Nature's Calender'에 참여한 사람들이 몇 년 전부터 북아메리카의 들과 숲을 누비고 있다. 이들은 전문가팀이 선별한 식물의 생물학적 활동을 관찰하고 기록해 그 자료를 코디네이터에게 전달한다. 코디네이터들은 자료를 취합해 기후 및 온도에 관한 역사적 정보들과 비교한다. 캐나다의 '플랜트워치PlantWatch' 참가자들은 식물은 물론이고 얼음, 두꺼비, 심지어 지렁이까지 10년 가까이 관찰했다. 이들 프로젝트는 모든 결과를 공개하며, 자료를 수정하고 평가하는 과정까지 시민 참가자들과 함께하는 경우도 많다. 이렇듯 시민 참여 과학 프로젝트는 전문가가 아닌 보통 사람들이 직접 숲과 툰드라를 찾아 자연의 심장 박동을 느끼고, 보고, 냄새 맡으며, 인류의 미래를 예측하고 구체적 계획을 세우는 데 적극적으로 참여한다는 점에서 큰 의미를 지닌다.

점점 빨리 오는 봄

미국, 유럽, 아시아의 다양한 생물계절학 프로젝트는 수많은 연구의 출발점으로 활용되고 있다. 그런데 모든 연구 결과가 하나같이 예전보다 봄이 빨라졌다고 입을 모은다. 1970년부터 2000년까지 10년꼴로 평균 2.5일씩 봄이 앞당겨지고 있다는 것이다. 유럽의 경우 50년 전에는 지금보다 평균 6.3일 늦게 봄이 찾아왔고, 반대로 가을은 지금보다 4.5일 일찍 찾아왔다. 이 말은 식물의 평균 생장 기간, 즉 식물이 성장하고 꽃을 피우는 기간이 약 11일 늘어났다는 뜻이다. 미국 곳곳에서 프로젝트 버드버스터에 참여한 시민 과학자들이 관찰한 11종의 식물 가운데 7종도 눈에 띄게 일찍 꽃을 피웠다.

하지만 이런 변화가 모든 곳에서 똑같이 관찰되지는 않았다. 1951년부터 1998년까지의 통계를 보면 중부 유럽과 서유럽의 경우 4주 일찍 봄이 찾아왔지만, 동부 유럽에서는 2주 늦게 봄이 시작되었고, 열대에서 멀어져 극지방으로 갈수록 변화 양상이 더 뚜렷했다. 영국에서 자라는 400여 종의 식물을 관찰한 어느 연구 결과를 보면 지난 40년 동안에는 큰 차이가 없었는데 최근 몇 년 들어 부쩍 변화의 폭이 커졌다고 한다. 생물계절학과 기후학을 연계해서 살펴본 학자들은 봄이 일찍 찾아오는 현상이 지구 온난화와 관련 있다고 설명한다. 기온이 1℃ 오르면 식물들은 종에 따라 2~10일 더 일찍 봄 마중에 나선다는 것이다. 이 수치를 기준으로 삼으면 2100년 무렵 중부 유럽에서는 수많은 식물 종이 지금보다 20~35일 일찍 꽃을 피울 것이다.

물론 개화 시점에 영향을 미치는 요인에는 꽃이 피는 계절뿐 아니라 이전 몇 달간의 기온까지 포함된다. 봄날 우리 눈에 보이는 꽃은 단 며칠 동안의 온도 변화만으로 세상에 나온 것이 아니기 때문이다. 또 모든 식물이 온도 변화에 똑같은 반응을 보이는 것도 아니다. 한해살이 종이 여러해살이 종보다 예민해서 같은 조건에서도 10일 일찍 꽃을 피우는 경향이 있고, 큰키나무보다는 떨기나무가 더 예민하게 반응한다. 그런가 하면 똑같이 기온이 올라도 정반대의 반응을 보이는 식물들도 있다. 기온이 1℃ 올랐을 때 제라늄 로베르티아눔*Geranium robertianum*은 5주 일찍 꽃을 피우지만, 머위*Petasites*는 오히려 6주씩이나 개화를 늦춘다. 생물계절학을 연구하는 사람들이 여러 종의 식물을 동시에 관찰하는 이유가 바로 이 때문이다. 속담에도 이런 말이 있지 않은가? 제비 한 마리가 온다고 해서 봄이 찾아온 것은 아니다.

기후대가 이동한다

일본에서는 벚나무*Prunus*에 꽃이 필 무렵이면 벚꽃이 어디까지 왔는지 보여 주는 지도가 일기 예보에 등장한다. 친절하게 등온선까지 그려 넣은 이 지도는 주민과 관광객들이 꽃놀이에 나설 적당한 장소와 시간을 선택할 수 있게 도와준다. 그야말로 전국에 분홍빛 장관이 펼쳐지는 것이다. 꽃의 향연은 기후 및 기온, 강수량, 일조 시간 같은 여러 복합 요인에 좌우되므로 해마다 마법이 펼쳐지는 시간과 장소는 조금씩 달라질 수 있다. 대개 벚꽃 개화 지도에 그려진 등온선의 간격은 남에서 북으로 갈수록 촘촘해진다. 그런데 벚꽃놀이 시기 역시 점차 변하고 있다. 과거와 비교하면 벚꽃이 만개하는 시기가 5~7일 빨라졌고, 같은 날짜일 때 최고 150km까지 더 북쪽으로 꽃이 진출한다. 이 사실은 개화 지도뿐 아니라 역사적 자료에도 드러난다. 벚꽃이 차지하는 문화적 의미 덕분에 일본에는 10세기까지 거슬러 올라가는 역사 기록이 남아 있는데, 그 기록들을 살펴보면 벚꽃 개화 시기가 기후에 따라 달라짐을 확실히 알 수 있다.

　일본에서 일어나는 이 일은 수많은 기후 변화 현상 중 하나에 불과하며, 개화 시기가 앞당겨진 것 역시 식물들이 기후 변화에 어떻게 대응하는지 보여 주는 한 가지 사례일 뿐이다. 기후가 변하면 열매 맺는 방식도 바뀌고 식용 작물의 맛도 달라진다. 그리고 식물들은 살기 좋은 기후대로 자꾸 이동한다. 물론 식물의 이동 거리는 씨앗의 여행 반경에 달려 있으므로 시공간적 제약이 있다. 그럼에도 식물은 기후 변화에 자기들만의 방식으로 대처하고 있다.

　식물지리학 전문가들은 이미 오래전부터 이런 현상을 추적하고 식물의 이동 반경을 측정해 지도 제작에 반영하고 있다. 미국과 유럽에서는 '내한성 지도'를 제작해 각 기후대에 가장 잘 맞는 내한성 작물(추위에 잘 견디는 작물)이 무엇인지 알려 준다. 이 지도를 보면 어떤 기후대에서 어떤 종이 잘 자라는지 쉽게 알 수 있어서 어디에 무슨 작물을 심을지 결정하는 데 도움이 된다. 내한성 지도에는 각 기후대에서 가장 잘 자랄 것 같은 식물 종을 추천해 놓았는데, 이는 해당 장소에서 실제로 자라는 식물을 조사한 것이 아니라 기후 데이터를 근거로 만든 것이다. 내한성 지도에는 여러 지역이 기후대에 따라 구분되어 있고, 각 기후대에는 숫자가 적혀 있다. 이 숫자는 특정 종들이 주로 자라는 기온의 폭을 뜻하며, 극지방에서 적도 쪽으로 갈수록 숫자가 커진다.

그런데 이런 지도마저 최근의 기후 변화로 인해 대폭 수정되었다. 1990년에 미국 농무부가 제출한 자료와 2006년의 자료를 비교하면 한 지역 전체가 특정 기후대에서 다른 기후대로 넘어가기도 했다. 캔자스주는 5-지대와 6-지대가 거의 절반씩 분포해 있었는데, 지금은 전체가 6-지대로 변했다. 로키산맥의 몇몇 지역은 지대를 두 단계나 껑충 뛰어넘었고, 뉴잉글랜드는 캐나다 국경 쪽 일부를 제외하고는 거의 모든 지역에서 3-지대가 아예 사라져 버렸다.

한편 내한성 지도는 '앞으로' 어떤 작물을 심으면 좋을지 가늠하게 도와주지만, 그보다는 '지금' 우리 논밭에서 일어나는 일에

내한성 지도를 통해 어떤 기후대에
어떤 식물이 잘 자랄지 예측해 볼 수 있다.

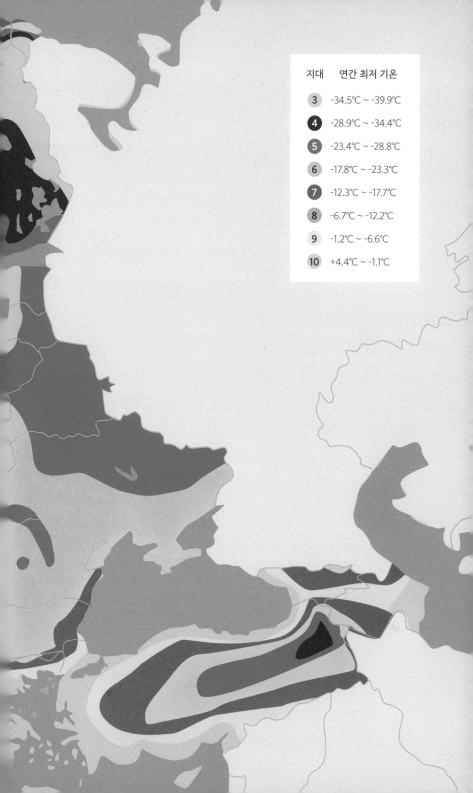

지대	연간 최저 기온
3	-34.5℃ ~ -39.9℃
4	-28.9℃ ~ -34.4℃
5	-23.4℃ ~ -28.8℃
6	-17.8℃ ~ -23.3℃
7	-12.3℃ ~ -17.7℃
8	-6.7℃ ~ -12.2℃
9	-1.2℃ ~ -6.6℃
10	+4.4℃ ~ -1.1℃

더 관심을 기울이는 사람들도 많다. 그래서 이 주제를 다룬 책도 많은데, 그중 다수가 토종 식물과 외래종의 경쟁이 심해지고 있다고 지적한다. 식물의 이주 행렬은 좀 더 서늘한 곳을 찾아 남에서 북으로, 혹은 언덕에서 고산 지대로 뻗어 나간다. 그러다 보니 극단적인 환경에서 살던 식물일수록 더 큰 피해를 보고 있다. 아주 추운 지역이나 아주 높은 곳에서 사는 종은 더 피할 곳이 없고, 해안에 뿌리를 내린 종들은 해수면 상승으로 말미암아 멸종 위기에 점점 가까워지고 있다.

산이 증거다

여러 학문이 서로 어떻게 연결되는지 보여 주는 '학문의 지도'가 있다면 '식물학 가로수 길'과 '지리학 거리'가 교차하는 지점에는 분명 '훔볼트 광장'이라는 멋진 이름의 공원이 있을 것이다. 널찍하고 나무도 많을 듯한 이 광장에 이름을 선사한 알렉산더 폰 훔볼트^{Alexander} ^{von Humboldt}는 식물 연구와 세계 여행을 무척 좋아했다.

독일의 박물학자이자 탐험가인 훔볼트는 대단히 체계적인 사람이어서 눈으로 확인한 모든 자연 현상을 아주 꼼꼼하게 기록했다. 그리고 모든 기록에 정확한 지형학적 사실을 덧붙였는데, 아마 지리학과 분류학을 하나로 묶기 위함이었을 것이다. 실제로 그가 이룬 가장 위대한 업적이 바로 생물지리학^{biogeography}을 창설한 것이다. 생물지리학은 지리학적 생물 분포를 연구하는 학문으로, 훔볼트는 동식물의 분포 현황과 해당 지역의 면적과 고도를 정밀하게 측량하는 일을 연결해 이 새로운 학문을 탄생시켰다. 요즘 같으면 GPS가 있어서 연구하기가 수월할 테지만, 훔볼트가 활동하던 200여 년 전에는 이만저만 고생이 아니었을 것이다.

이런 종류의 연구는 자연에서 희귀종 식물을 재발견할 수 있다는 면에서 의미가 크다. 무엇보다 한 공간에서 다양한 종들이 어떻게 퍼져 나가는지, 식물과 기후가 얼마나 밀접하게 관련을 맺고 있는지 이해하는 데 매우 유익하다. 생물지리학은 산의 고도에 따라 식물의 분포가 어떻게 달라지며, 같은 고도에서도 기온이나 일조량이 다를 경우 특정 식물군이 어떤 방식으로 적응해 가는지를 잘 설명해 준다.

지금으로부터 200년도 더 전에 훔볼트는 독일에서 에콰도르로 건너갔다. 그는 안데스에서 가장 높은 화산인 침보라소산의 비탈진 중턱에서 식생 지도를 작성했다. 총명한 학자답게 훔볼트는 식물 이름이 줄줄이 적힌 기다란 목록보다 그림 한 장으로 훨씬 더 많은 정보를 전달할 수 있다는 사실을 잘 알았다. 그래서 화산 그림에 고도와 지형을 표시하고, 각 고도에 주로 서식하는 식물의 이름을 적어 넣었다. 요즘엔 이런 것을 인포그래픽이라고 부른다. 200년 뒤, 덴마크의 연구 팀이 다시 한번 같은 작업에 도전했다. 그동안의 기후 변화가 침보라소산의 식물 분포에 어떤 영향을 미쳤는지 확인하기 위해서였다. 학자들은 연구 결과를 훔볼트의 그림과 유사한 인포그래픽으로 정리했는데, 두 그림을 비교하면 재미난 '다른 그림 찾기' 놀이를 한 판 할 수 있을 것이다.

훔볼트의 지도를 손에 들고 산을 오르기 시작한 덴마크의 학자들은 기대했던 식물을 좀처럼 찾을 수가 없었다. 며칠을 더 들여 한참을 올랐을 때야 훔볼트가 기록한 식물들이 보이기 시작했다. 이는 고산 식물들이 씨앗을 틔우고 살아남기에 적당한 서늘한 환경을 찾아 전보다 675m나 더 산을 올랐기 때문이었다. 훔볼트가 살던 시대에는 고산 식물들이 해발 4,600m에 터를 닦았다. 이 경계를 넘어서면 조건이 너무 열악해서 지의류地衣類처럼 혹독한 환경에서 사는 생물 외에는 살아남을 수가 없었다. 그런데 그 경계가 5,200m까지 상승한 것이다! 빙하가 녹으면서 영구빙에 덮여 있던 공간이 드러난 것도 이 현상에 어느 정도 영향을 미쳤을 것이다.

식생 분포 역시 달라졌다. 모든 식물이 더 높은 곳으로 이동했다. 높은 곳의 기온이 예전의 아래쪽 기온과 같아졌기 때문이다. 훔볼트의 식생 지도를 보면 2,000~4,100m 지대에는 주로 용담Gentiana과 카를리나Carlina 같은 식물이 자라고, 그 이상에서 4,600m까지는 파호날pajonal이라는 초지가 펼쳐져 있다. 파혼pajón은 강한 자외선과 추위에 잘 견디는 야생 볏과 식물의 이름이며, 파혼으로 뒤덮인 풀밭을 파호날이라고 한다. 그런데 지금은 용담 층이 4,200~4,600m 지대로 올라갔고 폭은 더 좁아졌다. 이에 비해 파호날은 더 넓어졌다.

침보라소산에서 펼쳐지는 식물의 이주 행렬은 단순한 등산 행렬이 아니다. 다들 우르르 산을 오르는 것이 아니라, 식물끼리의 권력 관계에 변화가 생겨서 파호날의 고산 식물처럼 가장 빨리 적응하는 종이 득세하는 것이다. 또 더위를 싫어하는 식물이 살아남을 방법이 위로 오르는 피난 행렬에만 있는 것도 아니어서 이런 식물들은 같은 고도에서 그늘진 쪽으로도 많이 이동한다. 그러다 보니 산의 북쪽 사면이 인기 높은 피난처가 되었다. 하지만 그곳에는 이미 터를 잡은 주인들이 있고, 이들 역시 차츰 피난을 떠날 수밖에 없기에 이 선택지는 이중의 도미노 효과를 낳는다. 처음에는 수평으로, 그다음에는 수직으로 또다시 피난 행렬이 이어지는 것이다.

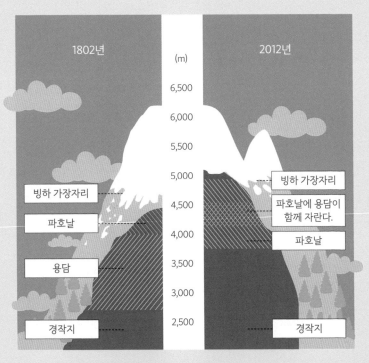

침보라소산의 식생 분포 비교

이 같은 변화는 고지대에서만 벌어지는 일이 아니다. 저지대에도 변화의 물결이 일렁인다. 1802년에는 해발 3,000m 위쪽에서는 농사가 거의 불가능했으나 2012년에는 농경지가 3,800m까지 확대되었다. 그래서 예전 같으면 활용할 엄두도 못 냈던 고지대에서 밀과 같은 유용한 작물을 재배할 수 있게 되었다. 이로 인해 인간 주변에서 살아가는 다양한 식물 종이 덩달아 밀려 들어와 야생 식물들과 치열한 생존 경쟁을 벌이고 있다. 대표적인 식물이 토끼풀*Trifolium*과 수영*Rumex acetosa*으로, 녀석들은 인간이 개척한 환경을 적극적으로 활용할 줄 안다.

이런 종들이 심심치 않게 눈에 띄고, 지구 곳곳의 어느 산에 가나 없는 곳이 없다. 알프스에서도 같은 현상을 목격할 수 있다. 하지만 침보라소 같은 열대의 산에서는 이 같은 식물 종의 변화가 더욱 심각한 결과를 초래할 수 있다. 에콰도르의 평균 기온은 지난 200년 동안 약 1.6℃ 상승했다. 이 말은 식물들이 400m가량 더 높은 곳으로 이동했다는 뜻이다. 연간 10~15m에 이르는 수치다. 열대 지방은 추운 곳보다 식물의 생장 리듬이 두 배 더 빠르다. 진화의 평균 속도보다 지나치게 빨리 변화가 진행되면 제대로 적응하지 못하는 종이 있을 수밖에 없다. 열대 지방에서의 변화가 더욱 걱정스러운 이유다.

봄

Sprin_g

하늘을 나는 종이비행기

세 번째 산책

어제 기온이 오르자 노란 카펫이 우리 집 잔디밭을 덮어 버렸다. 범인은 아틀라스개잎갈나무*Cedrus atlantica*로, 녀석이 엄청난 양의 꽃가루를 뿜어낸 것이다. 운명에 몸을 맡긴 노란 꽃가루들을 가만히 보고 있자니 생명으로 넘실대는 이 작은 구름이 얼마나 날아가야 목적지에 닿을지 절로 궁금해졌다. 과연 목표에 도달하기는 할까?

학자들 가운데 알레르기 환자가 유독 많아서인지는 몰라도 해변의 모래알 같은 꽃가루의 구조와 분포에 관한 연구 결과가 의외로 많다. 꽃가루는 얼마나 멀리 날아갈 수 있을까? 굳이 대답하자면 기네스북에 오를 만큼 엄청난 거리를 댈 수 있겠지만, 사실상 한계가 없다고 보는 편이 옳을 것이다. 난기류를 타고 높이 오른 꽃가루 핵은 소설 《80일간의 세계 일주 *Le tour du monde en quatre-vingts jours*》의 주인공 필리어스 포그처럼 세계 일주를 할 수도 있다. 잣의 경우 최고 기록이 4,500km를 넘었다. 그러나 우주 비행사가 그냥 달까지 가는 것과 살아서 달에 도착해 무사히 맡은 바 임무를 수행하는 것은 차원이 다른 문제다. 꽃가루 우주선이 미국 항공 우주국^{NASA}의 우주 왕복선처럼 튼튼하고, 여행을 도와줄 온갖 하이테크 시스템을 장착한 것은 사실이지만, 꽃가루의 유전자 장비에는 우주 비행사의 그것과 마찬가지로 유통 기한이 있다. 테다소나무 *Pinus taeda* 는 꽃가루주머니에서 나와 40km만 날아가도 꽃가루 핵이 암꽃과 만났을 때 싹을 틔우는 능력이 50%로 뚝 떨어진다.

물론 모든 꽃가루가 멀리 날아갈수록 발아 능력이 떨어지는 것은 아니다. 환경에 적응하는 방식에 따라 차이를 보이는데, 칠엽수 *Aesculus* 몇 종은 400km를 날아갈 수 있고, 장미과의 특정 종은 비행 거리와 상관없이 꽃가루주머니가 열리고 4~5일이 지나도 여전히 발아력을 70% 이상 유지한다. 그 이유는 발아력을 유지하는 데 비행 거리보다 시간이 더 중요하기 때문이다.

만약 구주소나무*Pinus sylvestris*가 400km 기록을 경신하고도 왕성한 발아력을 유지해서 멀리 떨어진 개체군 사이에서도 튼실한 재생산의 결실을 보려면, 바람이 세게 불어서 정해진 시간 안에 그 구간을 주파해야만 한다.

발아 능력을 유지하는 시간은 식물 종마다 다르다. 옥수수*Zea mays*는 꽃가루주머니 밖으로 나온 지 네 시간이 지나면 발아력의 절반을 잃고, 밀*Triticum*과 보리*Hordeum*는 심지어 10%만 남는다. 달리 말하면 꽃가루가 자외선에 노출될수록 발아 능력이 약해지고, 엄청난 양의 수분을 잃는 것이다.

여기서 우리는 식물의 특정 성향을 읽어 낼 수 있다. 꽃가루의 발아력 유지 시간과 서식 환경의 관계라고나 할까? 다닥다닥 붙어 사는 종들은 굳이 꽃가루를 만들어 멀리 날아가야 할 이유가 없지만, 드문드문 흩어져 사는 종들은 유전자를 장기 보관하는 기술에 많은 투자를 할 수밖에 없다. 그래서 여기저기 흩어진 틈새 공간에 적응해 살아가는 난초과*Orchidaceae* 식물들은 무려 50일 동안 꽃가루의 발아력을 유지하지만, 초원에서 주거 공동체를 형성하고 사는 큰김의털*Festuca arundinacea* 같은 외떡잎식물들의 꽃가루는 밖으로 나온 지 90분만 지나도 발아력을 모조리 잃고 만다.

생명은 주름 사이에 있다

'탈수'와 '주름'은 상해, 노화, 생식 불능의 동의어로 생각하기 쉽다. 봄과 함께 터져 나오는 꽃가루의 활력과는 정반대되는 말처럼 느껴진다. 그러나 식물은 탈수 과정을 생명력을 유지하거나 보존하는 방편으로 활용한다. 식품의 수분을 줄이면 부패를 늦출 수 있는 것과 마찬가지다. 씨앗 역시 습기가 너무 많으면 싹을 틔우기도 전에 발효해 버릴 위험이 있다.

육지 식물의 발달사는 '마르되 너무 마르지는 않았다'와 '적당히 촉촉하다'의 완벽한 균형을 찾기 위한 노력이었다고 해도 지나치지 않다. 조류藻類*는 물이 많아야 생식 세포가 이동할 수 있지만, 양치류만 해도 벌써 훨씬 적은 양의 물로 번식을 할 수 있다. 은행나무*Ginkgo biloba*의 꽃가루는 몇 방울의 물만 있어도 재생산 임무를 무사히 마칠 수 있고, 더 고등 식물들은 거의 물이 없어도, 혹은 전혀 물이 없어도 번식할 수 있다. 덕분에 육지 식물들은 습기가 적은(그래서 경쟁자가 없는) 지역으로 차츰 진출할 수 있었고, 후손들이 새로운 지역을 개척하고, 암수가 이 정원과 저 정원, 이 숲과 저 숲, 이 대륙과 저 대륙에 떨어져 사는 등

---

* 하등 은화식물의 한 무리. 물속에 살면서 엽록소로 동화 작용을 한다. 뿌리, 줄기, 잎이 구별되지 않고 포자에 의해 번식하며 꽃이 피지 않는다.

장거리 연애를 할 수밖에 없는 상황에서도 짝을 만날 수 있게끔 기틀을 다졌다.

이런 변화의 영향을 가장 많이 받은 것이 꽃가루와 씨앗이다. 둘 다 시공간을 정복하기 위해 어미 식물을 떠난다. 그런데 씨앗은 우리가 맨눈으로도 알아볼 수 있지만, 꽃가루는 너무 작아서 보이지 않는다. 그토록 작디작은 꽃가루의 핵에 담긴 생식 세포가 시공간을 개척하려면 몇 가지 조건을 갖추어야 한다. 첫째로 공기 및 태양 광선과 접촉하지 말아야 하는데, 그러면서도 외부와 소통할 수 있게끔 내부의 습도는 유지해야 한다. 그리고 최대한 멀리 날아갈 기회가 주어져야 한다. 이런 조건이 갖춰져야만 수꽃의 생식 세포가 물 없이도 살 수 있고, 습기 때문에 손상될지도 모르는 위험에서 벗어날 수 있다.

식물들은 이 같은 환경의 도전을 어떻게 이겨 냈을까? 그 비결을 샌드위치로 설명해 보겠다. 방금 우리는 샌드위치를 한 개 만들었다. 그것으로 내일 점심을 해결할 생각이다. 그냥 두면 빵이 마를 테니 샌드위치를 포일이나 랩으로 정성껏 감싸고 혹시 끝부분이 벌어지지 않았는지 세심하게 살핀다. 방수 효과가 뛰어나고 몸에 착 달라붙는 이 포장 덕분에 빵은 습기를 거의 그대로 유지할 것이고, 우리는 이튿날 포장을 벗겨 맛나게 먹을 수 있을 것이다. 꽃가루의 진화도 이와 비슷해서 효율적이고 안전하게 수꽃의 생식 세포를 감싸되, 완전히 봉해 버리지는 않는 포장 방식을 선택했다. 조만간 포장을 풀고 나와 수정을 해야 하니 완전히 봉해 버리면 안 되는 것이다. 실제로 꽃가루 핵은 꽃가루주머니가 터지는 동안에도 탈수가 진행되어서 밖으로 나오자마자 습도가 15%로 줄어든다. 그 결과 내부 조직은 그대로 유지되지만, 씨앗의 바깥 면은 수분을 잃어 쪼그라든다. 내막, 외막, 발아공이라는 이름의 조직들이 참여하는 정교한 주름 선을 따라서 쪼그라드는 것이다.

꽃가루 핵의 바깥 면을 감싸는 '외막'에는 방수 기능이 있다. 반면 '내막'은 방수가 안 되는 물질이며 핵의 내부를 감싼다. 그러니까 외막은 포일 또는 랩이고 내막은 빵인 셈이다. 외막은 탈수 과정에서 쪼그라들며 주름이 지는데, 이때 외부 세계와의 소통을 담당하는 '발아공'이라는 틈을 따라 주름이 잡히기 때문에 외막이 단단해짐에 따라 소통이 일시 중단된다. 이렇게 만들어진 포장의 최종 형태는 종마다 모두 다르다. 같은 종의 암꽃이 머금은 습기가 꽃가루의 탈수 과정을 거꾸로 돌려서 제때, 올바른 장소에서 외부와의 소통을 회복하게 해 줄 것이기 때문이다.

모든 식물 종이 살아남기 위해 분투한 결과로 꽃가루의 형태와 크기와 모양은 그야말로 제각각이다. 기류를 타고 높이 오를 것인지, 아니면 땅에 납작 엎드려 이동할 것인지, 혹은 동물의 몸에 붙어 이동할 것인지에 따라 형태와 크기와 모양을 제가끔

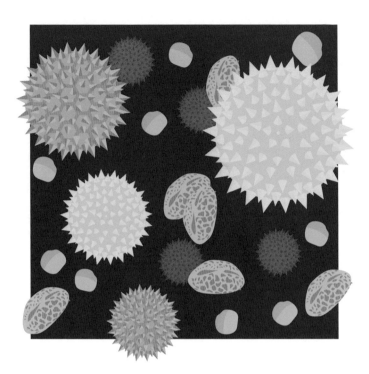

인간의 지문이 다 다르듯 식물의 꽃가루도 모두 다르다.

바꾼 것이다. 그래서 어떤 것은 작은 갈고리 모양이고, 물에 뜨기 좋게 납작한 것도 있고, 매끈하고 둥근 모양일 수도 있으며, 축구공, 테니스공, 럭비공, 농구공 모양일 수도 있다. 꽃가루는 아무리 험한 조건에서도 거뜬히 견딜 수 있어서 몇천 년 전에 형성된 퇴적층이나 고고학 유적지에서도 원래의 형태를 고스란히 유지한 채 발견된다. 이런 저항력과 다채로운 모양 덕분에 봄마다 우리 옷에는 꽃가루 자국이 남고, 우리는 그것이 어디서 달라붙었는지, 정확히 어떤 녀석의 꽃가루인지, 심지어 언제 옷에 달라붙었는지도 알아낼 수 있다.

꽃가루받이 도우미

꽃가루와 꽃 이야기를 나누다 보면 꼭 이런 말을 듣게 된다. "꿀벌이 사라지면 인간도 기껏해야 4년밖에는 더 못 산대."

인터넷에 떠도는 주장과 달리 이 말을 한 주인공은 알베르트 아인슈타인Albert Einstein이 아니다. 아인슈타인이 세상을 떠나고도 무려 40년이 더 지난 1994년에 양봉업 지원 행사에서 나온 말이다. 나아가 이 말은 생물학적 관점에서도 100% 옳은 말은 아니다. 정원을 유심히 관찰해 보면 누구나 알겠지만, 식물들이 꽃가루받이 도우미로 벌만 이용하는 것이 아니기 때문이다. 물론 벌이 가장 널리 알려진 도우미인 것만은 분명하다. 하지만 벌이 지구 생태계를 통틀어 유일한 꽃가루받이 도우미라는 주장은 꽃을 망원경으로 보는 것과 같은 근시안적인 생각이다.

양봉꿀벌Apis mellifera을 제외하고도 꽃가루받이를 해 줄 수 있는 동물 종은 10만~30만 종에 이르는 것으로 추정된다. 가루받이를 양봉꿀벌에 의존하는 식물 종은 전체의 15%가량에 불과하며 그마저도 꿀벌에만 기대지는 않는다. 식물은 결혼에 골인하기 위해 여러 결혼 정보 회사에 동시에 신청서를 제출한다. 양봉꿀벌 말고도 야생벌, 뒤영벌, 나비, 나방에게도 도움을 청하고 딱정벌레와 파리 같은 곤충은 물론이고 새와 박쥐, 도마뱀, 영장류, 유대류 등 100여 종의 척추동물에게도 도움을 요청한다. 딱정벌레 하나만 해도 꽃을 피우는 식물의 85%가 넘는 많은 종의 수분을 도와준다.

40종의 과일나무를 대상으로 시험해 본 결과, 양봉꿀벌의 도움이 야생 곤충보다 더 성공적이었던 사례가 겨우 14%에 불과했다. 그런데도 "꿀벌이 사라지면……" 하고 걱정하는 까닭은 이런 야생 곤충들마저 위기에 처해 있기 때문일 것이다. 지난 20년 동안 북아메리카의 뒤영벌*Bombus* 개체군의 수는 80%, 영국 및 네덜란드의 야생벌 수는 60%가 줄었다. 꽃가루받이 도우미로 활동하는 척추동물의 경우 60%가량이 위험한 상태다. 그 결과 바람을 이용해 수분하는 식물들이 서서히 유리한 고지를 차지하고 있다.

식물은 경쟁이 시작되면 문법에 예외를 많이 허용하는 언어처럼 행동한다. 얼핏 보면 규칙을 따르는 것 같지만, 사실은 불규칙 동사들만 우글거려서 모두가 제멋대로 변하는 것이다. 그런 언어를 배우다 보면 규칙을 만들고 싶은 충동이 불끈불끈 치솟는다. 꽃을 관찰할 때도 그들이 주로 이용하는 배달부에 따라 분류하고 싶어질 때가 있다. 하지만 식물 대부분은 그때그때 상

| 야생벌을 통한 수분 | 자가 수분 | 바람에 의한 수분 |

꽃가루받이 종류가 열매에 미치는 영향

황에 따라 가장 질 좋은 서비스를 제공하는 업체를 선택한다. 한 예로 딸기*Fragaria*와 월귤*Vaccinium vitis-idaea*은 특정 야생벌을 좋아하지만, 사정이 생겨서 이 벌이 찾아오지 않으면 성공률이 좀 떨어지더라도 바람에 맡기기도 하고, 역시나 효율이 낮지만 제 꽃가루받이를 택하기도 한다. 물론 벌이 가루받이를 해 줄 때 효율이 가장 높아서, 이 경우에 월귤 열매의 크기는 14% 더 크고 씨앗의 양은 30% 더 많다.

극단적인 사례도 없지 않다. 메꽃의 예쁜 사촌 동전잎메꽃 *Evolvulus nummularius**은 대개 벌의 도움을 받지만, 사정이 여의치 않으면 천적에게도 손을 내민다. 바로 달팽이다. 동전잎메꽃은

---

*   종명 nummularius에는 '은행가'라는 뜻이 있다. 식물의 잎이 동전을 닮은 데서 유래했다고 한다. '동전잎메꽃'은 학명의 뜻을 반영해 옮긴이가 지어 붙인 것이다.

아침에 꽃을 피워 정오 무렵만 되면 벌써 문을 닫아걸기 때문에 날씨가 변덕을 부리면 막심한 손해를 보게 된다. 비가 내리면 오라는 벌은 안 오고 물을 좋아하는 달팽이만 들끓는다. 달팽이가 잎을 갉아 먹는 것은 괴롭지만, 녀석이 꽃을 스쳐 기어 다니면서 꽃가루를 몸에 묻히는 덕분에 어느 정도는 수분에 도움이 된다. 물론 부지런한 벌보다는 효율이 떨어지지만 없는 것보다는 낫다.

　파충류가 수분을 도와주는 사례도 있다. 브라질 앞바다의 페르난두 데 노로냐 군도Fernando de Noronha Archipelago는 건조한 기후에 바람이 강해서 곤충이 거의 날아다니지 않는다. 이 섬에서는 도마뱀이 닭벼슬나무의 가족인 털닭벼슬나무*Erythrina velutina*[*]의 줄기를 기어오르는 장면을 자주 볼 수 있다. 노로냐의 도마뱀이 노리는 것은 털닭벼슬나무의 꽃송이마다 방울방울 달린 꿀이다. 물기 많은 꿀로 도마뱀이 갈증과 허기를 달래는 동안 꽃가루가 녀석의 비늘에 총총 박힌다. 그렇게 꽃가루는 도마뱀의 등에 앉아 이 꽃에서 저 꽃으로, 섬 전체를 여행한다.

---

[*]　종명 velutina에는 '부드러운', '매끄러운'이라는 뜻이 담겨 있는데, 학명에 velutina가 포함된 곤충이나 식물은 몸 어딘가가 부드러운 솜털로 덮여 있다.

여름

Summer

여름

뜻밖의 밀항꾼들

네 번째 산책

어릴 적 어느 화창한 날, 할아버지 친구 한 분이 남아메리카에서 귀국하면서 선물을 가져다주셨다. 그분이 어쩌다가 떨기나무 두 그루를 여행 가방에 쑤셔 넣었는지, 어떻게 들키지 않고 세관을 통과했는지는 모르겠다. 당시만 해도 나는 아무것도 모르고 그 이국적인 식물을 보며 마냥 좋아했다. 하지만 지금 와서 생각하면 그분은 여러 가지 법규를 위반했고, 정말로 위험할 수도 있는 생물을 너무 생각 없이 들여온 것이었다.

나는 이 사실을 '워디언 케이스Wardian Case'에 얽힌 재앙을 읽고 나서 깨달았다. 워디언 케이스는 빅토리아 시대에 인기를 끌었던 휴대용 유리 온실로, 식물 거래의 역사에서 빼놓을 수 없는 도구다. 19세기에 학자들과 귀족 원예가들 사이에서는 열대 식물을 연구하고 전시하는 것이 대유행이었는데, 안타깝게도 그들 모두 생태학에는 별 지식이 없었다. 단지 휴대용 온실을 이용하면 씨앗이나 꺾꽂이한 가지가 아니라 온전한 식물을 바다 건너 문제없이 데리고 올 수 있다는 장점에만 열광했다.

가히 혁명적이라 할 이 식물 수송선의 진수식이 열린 것은 1933년으로, 런던에 사는 여러 양치류를 시드니에 옮겨다 주고, 돌아오는 길에는 오스트레일리아의 양치류를 영국 땅으로 데려왔다. 바로 이 첫 항해에서부터 밀항꾼들이 잔뜩 숨어들어 왔을 것이다. 선충, 환형동물, 연체동물, 갑각류, 절지동물은 물론이고 흙에 숨어 있던 수많은 미생물이 영국으로 대거 숨어들었다는 얘기다. 당시만 해도 검역 제도가 없었으므로 커피 녹병*에 걸린 아프리카의 커피나무를 오늘날의 스리랑카(당시의 실론)로 데리고 들어간 범인도 어쩌면 워디언 케이스일 가능성이 크다. 커피 녹병을 일으키는 원인은 헤밀레이아 바스타트릭스*Hemileia vastatrix*라는 균류인데, 워디언 케이스 말고는 이 곰팡이균이 바

---

* 커피 잎에 녹이 슨 것처럼 얼룩덜룩하게 곰팡이 포자가 번지다가 말라 죽는 병.

다를 건넌 방법을 설명할 방도가 없다. 곰팡이균은 상자 안에 숨어 있다가 바다를 건너자마자 섬의 커피 농장으로 급속하게 번져 나가 순식간에 농장을 초토화해 버렸다.

이 가슴 아픈 역사는 최근 이탈리아의 갈리폴리에서 되풀이 되었다. 비극의 주인공은 올리브나무와 코스타리카 출신 관상 식물들로, 이들은 포도피어슨병균*Xylella fastidiosa*에 속수무책 당하고 말았다.

워디언 케이스는 식물 수송의 혁명이자 질병 수송의 혁명이었다.

뜻은 좋았으나 결과는 나빴다

예나 지금이나 정원을 가꾸는 사람 중에는 이국적인 것을 좋아하는 이가 많다. 관상용 희귀 식물을 찾는 수요는 식물 판매의 원동력이기도 하다. 17세기에 존 트라데스칸트John Tradescant는 영국 귀족들을 대상으로 희귀 식물 전시회를 열었다. 그는 이 행사를 열기 위해 자주달개비Tradescantia spathacea를 수입했는데, 이 녀석은 본래의 생활 환경을 벗어나면 침략 종이 될 수 있다. 새로운 땅에 빠르게 정착해 번식함으로써 토종 식물을 쫓아내는 것이다.

식물을 키우는 사람 대다수가 진귀한 것과 키우기 '쉬운' 것을 주로 찾는다. 그런데 이 같은 성향은 애당초 경쟁력이 뛰어난 식물을 더욱 지원함으로써 침략 종의 세력을 키워 주는 결과를 낳는다. 육지 식물뿐 아니라 수상 식물의 세계에서도 마찬가지다. 검정말Hydrilla verticillata이나 이삭물수세미Myriophyllum spicatum처럼 수족관 관객들의 눈을 즐겁게 하려고 수입한 식물들이 개울로 번져 나가 토종 식물들을 몰아낸다. 17세기에 시작된 이 현상이 지금도 이어지고 있으니, 수많은 외래종 식물이 여러 나라에 정착하게 된 데는 정원사들의 활약이 실로 지대했다.

실제로 침략 종 대다수는 관상용으로 수입한 식물들이다. 녀석들이 제멋대로 울타리를 뛰어넘어 탈주하는 바람에 막대한 피해가 발생하고 있다. 미국에서 발견된 침략 종 큰키나무 중 80%, 오스트레일리아에 사는 침략 종 식물의 60%가 관상용으로 수입되어 그곳에 뿌리를 내린 것들이다. 영국은 이보다 더 심해서 유해 식물과 동물, 곤충의 90%가 관상용 식물을 수입한 결과라고 한다.

유럽 전역에는 3,700종의 외래 식물이 사는데 그중 2,000여 종은 다른 대륙에서 건너왔다. 이 수치는 특히 지난 20년 사이에 대폭 증가했다. 그런데 외래종이라고 해서 모두가 침략 종이 되어 번져 나가지는 않는다. 할아버지의 친구가 여행 가방에 넣어 온 관목들도 그랬다. 할아버지는 선물 받은 나무들을 정원에 심었지만, 녀석들은 대대손손 터를 잡고 살아가는 데 실패했다. 또 모든 침략 종이 영화 <그렘린Gremlins>의 초록 괴물들처럼 처음부터 토종 식물을 위협하는 것도 아니다. 실제로는 많은 외래종이 번식에 실패해서 후손을 남기지 못한 채 이국땅에서 쓸쓸히 눈을 감는다. 정원사에게는 그런 식물이 가장 바람직한 타협안이다. 새로운 것을 향한 인간의 갈망을 채워 주면서도 토종 식물을 위협하지는 않기 때문이다. 데리고 온 식물이 자연의 수명을 다하면 위험은 절로 사라진다.

한편 새로운 땅에 터를 잡고 잘 자라 번식하기는 하지만, 선을 넘지는 않는 종도 있다. 기후 조건이 맞지 않거나, 일 잘하는 꽃가루받이 도우미가 없고, 토종 곤충이나 병원균의 공격을 막아

낼 무기가 없는 경우, 적당히 뿌리를 내리고 살 수는 있어도 폭발적으로 뻗어 나가지는 못하는 것이다. 반대로 새로운 땅에 단단히 뿌리를 박고 거침없이 번식해서 토종 식물의 생활 공간을 급속도로 잠식하는 종도 있다. 연구 결과를 보면 유럽에 들어온 외래 식물 100종 가운데 겨우 10종만이 목숨을 부지하고, 다시 그중에서 1종만이 번식에 성공해 새로운 땅에 뿌리를 내린다고 한다. 그리고 이렇게 터를 잡은 새내기 중에서 10%만이 침략 종이 된다. 그러니까 할아버지의 정원에 끌려온 두 그루의 남아메리카 떨기나무가 '요주의 식물'이 될 확률은 약 1,000분의 1에 불과하다.

하지만 이 수치는 어디까지나 식물에 한한 것일 뿐, 잎이나 흙에 숨어 따라온 손님들에 관해서라면 얘기가 달라진다. 검역을 거치지 않고 들어온 흙과 병든 식물은 유해 생물이 들어오는 입국장이나 다름없다. 북아메리카의 식물에 붙어사는 2만여 종의 미생물은 인간이 들고 들어온 식물이나 용기에 담겨 그 땅을 밟았다.

물론 식물의 번식 상태가 자연스럽게 변화하는 것은 비정상적인 일이 아니라 현재의 식물 세계를 만들어 낸 원동력 중 하나다. 유럽을 괴롭히는 침략 종 가운데 인간이 뚜렷한 목적을 지니고 데려와 심은 종은 11%뿐이고, 우연히 제힘으로 새로운 땅에 건너온 종도 37%나 된다. 나머지는 할아버지 친구가 데려온 두 녀석처럼 우리의 부주의와 관리 소홀이 낳은 불행한 결과다. 그러므로 침략 종으로 인한 생태계의 피해를 줄이려면 우리 인간이 의식적으로 노력하는 것이 무엇보다 중요하다.

그러자면 먼저 침략 종을 가려낼 수 있어야 한다. 흔히 멀리 떨어진 대륙에서 온 종만 침략 종이 되는 것으로 오해하기 쉬운데, 절대 그렇지 않다. 영국의 섬에 번성한 유럽만병초 *Rhododendron ponticum*는 관상용이나 야생 동물의 침입을 막는 울타리로 사용하기 위해 1800년에 스페인에서 수입한 식물이다. 유럽 대륙 바깥에서 들어온 종이 아니라는 얘기다. 또 진화의 수준으로 침략 종을 가리겠다는 생각도 틀렸다. 고등 식물이라고 해서 무조건 침략성이 높거나 반대로 더 '착하게' 굴지는 않는다는 뜻이다. 북반구에서 남반구로 건너간 수많은 소나무 종은 태곳적의 유전적 특징을 간직하고 있음에도 침략 종으로 분류된다. 그러니 '토종'과 '외래종', '착한 종'과 '나쁜 종'으로 식물을 구분하는 것만으로는 침략 종의 습격을 막을 수 없다.

그렇다고 무조건 외래종을 심지 말아야 한다고 외쳐서 해결될 문제도 아니다. 폭넓은 연구를 바탕으로 시간이 지나면 절로 멸종할 종, 선을 넘지 않으면서 잘 적응할 종, 침략 종이 될 가능성이 있는 종을 사전에 잘 살펴서 가려내는 것만이 피해를 줄이는 올바른 방법일 것이다.

침략 종 수배 전단

학자들은 다양한 연구를 통해 침략 종의 수배 전단을 만들어 혹시 모를 문제를 미연에 방지하고자 노력했다. 그러나 안타깝게도 지금껏 합의된 사항은 없다. 대략적인 노선은 있지만, 식물의 문법이라는 것이 자고로 예외와 불규칙 동사들의 향연인지라 결국 그 모든 노력이 과학적이라기보다 미신이나 유사 과학 차원에 머물 위험이 여전히 크다. 그렇다고 이런 노선이 영 무의미한 것은 아니므로 취미든 직업이든 정원을 가꾸는 사람이라면 귀담아 둘 필요가 있다.

특히 할아버지의 친구가 몰랐던 사실을 우리는 명심해야 한다. 씨앗이 든 주머니를 다른 대륙에서 가져오려거든 반드시 검역을 거쳐야 한다. 상업적 목적으로 수입할 때도 필요한 검역을 거치지 않으면 불법이다. 전 세계 식물의 10%가 침략성을 띠며, 아직 한 번도 고향을 떠나 본 적 없는 2만 5,000여 종의 식물이 침략 종이 될 잠재성을 품고 있다. 이미 수없이 실수를 저질렀음에도 아직 실수의 여지가 남았다는 뜻이다.

침략 종과 해롭지 않은 외래종을 구분하려고 노력할수록 실망스럽게도 우리의 분류 체계가 얼마나 부실한지가 여실히 드러난다. 식물은 인간의 도식화 욕망에 전혀 관심이 없다. 따라서 침략 종 수배 전단을 만들려면 흩어진 조각들을 주워 모아

억지로 끼워 맞추는 수밖에 없다. 침략 종의 특징을 대략 모아
보면 다음과 같다.

일반적으로 침략 종은 크기가 작은 씨앗을 많이 만든다. 교목
이나 관목은 어릴 때 엄청나게 빠른 속도로 성장한다. 풀은 주
로 같은 위도의 생활 공간에서 다른 종보다 훨씬 빠른 속도로
퍼져 나간다. 한해살이 침략 종은 인간의 손길이 미치는 곳에서
잘 자라고, 여러해살이 종은 인간과 거리를 둔 자연 공간에서
더 잘 자란다. 침략 종은 부지런해서 토종 식물보다 더 일찍, 더
오래 꽃을 피우므로 번식력이 훨씬 뛰어나다. 그리고 이들은 인
간에게 잘 보이려고 노력한다. 그래서 우리의 실용적, 미적 욕
구를 대단히 충족시킨다. 무엇보다 침략 종은 같은 장소에서 토
종보다 더 적은 자원으로 더 빨리 자랄 수 있다. 토종이 영양소
가득한 씨앗을 조금만 만들고 몸집을 키우는 데 주력하는 동안
침략 종은 최소한의 영양소만 담은 씨앗을 대량 생산해서 토종
식물의 공간을 야금야금 잠식하는 것이다.

빠르게 성장하고 씨앗을 많이 퍼뜨리는 토종 식물이라고 해
서 안심할 수 있는 것도 아니다. 침략 종은 그보다 더 빠르게 성
장하고 더 많은 씨앗을 만들어 번식력을 높인다. 침략 종은 양
지와 음지를 가리지 않고 유연하게 대처함으로써 환경에 적응
하는 속도도 더 빠르다. 즉, 이들은 대부분 원래 자기 고향에서
도 '위너' 타입이었다. 그런 녀석들이 정원사라는 도우미까지 만

났으니 국경을 넘어 남의 땅까지 넘볼 수 있게 된 것이다. 고향에서 확고히 터를 잡은 종은 대부분 관상용 식물이 갖춰야 할 특징들을 두루 지니고 있다. 어떤 환경에도 잘 적응하고, 보살펴 주지 않아도 잘 자라며, 척박한 토양에서도 잘 견디고, 일찍 꽃을 피워 오래도록 꽃을 유지하며, 번식력도 좋고, 싹도 잘 틔운다. 심지어 기생 생물도 이 녀석들은 건드리지 않는다. 한마디로 노력에 비해 큰 수익을 낼 수 있는 특징을 태어날 때부터 물려받은 것이다. 당연히 그 좋은 유전적 특징을 다른 식물을 공격하는 데 이용할 확률도 높다.

이제라도 할아버지 친구의 실수를 되풀이하지 않아야 한다. 절대 남의 나라 식물을 몰래 들여오지 말 것이며, 이국적인 식물을 구매할 때는 검역 확인증을 요구할 것이며, 생태계를 살리는 캠페인을 지지해야 할 것이다. 해외 직구로 개인 간에 식물을 거래할 때도 조심해야 한다. 실제로 온라인 경매 사이트에서는 침략 종으로 이미 확인된 식물을 많이 팔고 있다.

오래전 남아메리카에서 바다를 건너와 할아버지 정원에 자리 잡았던 그 관목들은 고달픈 삶을 살았다. 기후가 맞지 않았던 탓에 열심히 돌봤는데도 그렘린으로 돌변하지 않았다. 하지만 녀석의 잎사귀에 매달려 우리 정원에 왔을 더 작은 미생물 손님들이 지금 어디서 무엇을 하고 있을지는 아무도 모른다.

담쟁이덩굴과의 사투

정원을 가꾸는 사람이라면 다들 한 번쯤 담쟁이덩굴 때문에 골머리를 앓은 적이 있을 것이다. 녀석이 외계 생물처럼 순식간에 뻗어 나가 나무를 칭칭 감고, 담을 뒤덮고, 온 집을 휘감아 버리니 말이다. 이 건달의 행패를 제지하려면 고생을 마다하지 않겠다는 각오를 다져야 한다. 담쟁이는 어디든 타고 올라갈 수 있다. 벽돌과 나무껍질을 자기 몸무게의 200만 배에 이르는 힘으로 꽉 붙든다. 마침 우리 집 정원의 담쟁이를 향해 선전 포고를 하고, 그리스 신화 속에서 뱀과 싸우는 라오콘처럼 녀석과 씨름을 벌이던 참이라 그 어마어마한 숫자가 뼈저리게 다가온다. 할아버지가 연로하셔서 정원 일에 손을 놓아 버리자 녀석은 기다렸다는 듯 초록빛 촉수를 사방으로 뻗어 나갔다.

담쟁이와의 전투가 왜 이토록 고달픈지는 식물학자, 화학자, 공학자들이 공동으로 진행한 여러 연구 결과를 보면 잘 알 수 있다. 담쟁이의 어마어마한 부착력의 원천은 나노 입자다. 이 입자는 공기뿌리의 뿌리털 끝에 붙은 작은 수포에서 떨어져 나온다. 입자 방울의 크기가 워낙 작다 보니 조금만 기복이 있어도 그 사이로 비집고 들어갈 수 있다. 물론 입자 하나하나의 부착력은 그리 세지 않다. 하지만 수많은 입자가 협력하면 걸리버도 꼼짝 못 하게 한 소인국의 가느다란 밧줄에 버금가는 엄청난 힘을 발휘할 수 있다.

담쟁이가 벽에 달라붙는 메커니즘은 여러 단계로 이루어진다. 제일 먼저 뿌리의 끝과 달라붙을 대상이 접촉해야 하고, 그다음에는 물리적으로 담쟁이가 대상을 붙들어야 하며, 세 번째로 화학적 부착을 거친 다음, 마지막으로 뿌리 형태가 변하면서 뒤에 붙어 따라오는 전체 '팔'을 끌어당긴다. 각 단계의 메커니즘을 수행하는 기관은 뒤로 갈수록 점점 크기가 작아진다. 뿌리는 밀리미터 크기이고, 뿌리털은 그보다 1,000배 더 작은 마이크로미터 크기이며, 접착제 방울은 이보다 1,000배 더 작은 나노미터 크기다. 인간이 이룩한 나노 기술의 식물 버전이라 불러도 무방할 것이다.

줄기나 잎처럼 뿌리 이외의 기관에서 나는 뿌리를 '부정근'이라고 하는데, 모든 담쟁이 가지는 첫 성장 단계에서 약 2cm 길이의 작은 부정근 다발을 만든다. 그리고 뿌리 끝에 개별 세포로 이루어진 두툼한 뿌리털 모자를 씌운다. 뿌리는 작은 촉수처럼 바깥으로 뻗어 나가며, 두 가지 종류로 나뉜다. 표면이 매끈한 대상을 잡기 위해 숟가락 모양이 되거나 울퉁불퉁한 대상을 파고 들어가기 위해 코르크 따개 모양이 되는 것이다. 그다음에는 몇 개의 세포가 벽에 닿기만 하면 곧바로 부착 장치가 가동된다. 먼저 그 부위에 추가로 뿌리와 뿌리털이 형성된다. 그러고 나면 모든 뿌리털의 끝에서 엄청난 양의 나노 입자가 분

사된다. 벽과 닿은 뿌리털은 말할 것도 없고 직접 닿지 않은 뿌리털에서도 나노 입자가 뿜어져 나온다. 이 입자들이 서로서로 결합하지는 않지만, 아라비노갈락탄arabinogalactan* 을 함유한 덕분에 잼을 만들 때 넣는 펙틴pectin** 처럼 물리적 인력을 발휘해 점착력을 높인다.

이때 나노 입자들이 접촉한 벽면을 끌어당길 수 있는 까닭은 화학적 구조 때문이 아니라 아주 미세한 크기 덕분이다. 또 입자들은 약간의 정전기력을 발산하는데 그 자체로는 별 영향을 못 미치지만, 입자의 수가 워낙 많다 보니 힘이 무척 세진다. 입자의 미세한 크기는 점성에도 영향을 미친다. 입자들이 뿌리와 벽 사이에 기포를 남기지 않고 아무리 작은 틈새도 빈틈없이 밀고 들어가기 때문이다. 우리가 쓰는 접착제에는 그 정도의 능력이 없다. 이렇게 나노 입자들이 활약하는 동안에 뿌리는 구부러지면서 표면과 평행한 방향으로 계속 성장한다. 그리고 앞에서 작동한 메커니즘을 반복하며 수천 개의 뿌리털이 몇 밀리미터 길이로 자라난다.

시간이 더 지나면 이미 벽을 붙잡은 뿌리와 뿌리털이 바짝 마른다. 그러면 이것들이 쪼그라들면서 남은 전체 가지를 벽 쪽으로 더 바짝 잡아당기게 되고, 덕분에 더 많은 뿌리와 뿌리털이 벽을 붙잡을 수 있

---

*   수용성 다당류의 하나로, 식품에 첨가하면 점착성이 높아진다.
**   세포를 결합하는 작용을 하는 다당류의 하나. 냄새가 없는 누런색 가루로, 모든 식물의 세포벽에 존재한다. 잼, 젤리, 풀 따위를 만드는 데 쓴다.

담쟁이의 부정근.
식물 세계의 뛰어난 나노 기술을
엿볼 수 있다.

게 된다. 이 단계에 들어서면 입자들이 점차 달라붙어 방울방울 뭉치고, 이것들이 마르면서 화학적 부착이 시작된다. 이로써 담쟁이와 벽은 한 몸처럼 딱 달라붙어 도저히 뗄 수 없는 상태가 된다. 자세히 살펴보면 이 과정 역시 비슷한 메커니즘을 따른다. 일단 이온과 칼슘, 아라비노갈락탄이 약하게 결합하면서 분자들이 서로를 향해 다가가고, 이어서 담쟁이와 벽이 더 강력히, 더 단단히 달라붙는 것이다. 이때 생겨난 방수 물질은 아무리 추워도 터지지 않고 아무리 더워도 녹지 않는다.

뿌리털의 섬유소는 유선형의 기하학적 형태로 굳으면서 인장 강도가 증가하고 여기에 고집쟁이 담쟁이의 옹고집이 더해지니 나 같은 정원사는 그야말로 머리꼭지가 돌 지경이다. 수도 없이 덩굴을 뜯고 또 뜯으면서 이 단백질을 이용해 접착제를 만들면 실로 꿰매지 않고도 상처를 봉합할 수 있겠다는 상상으로 마음을 달래 본다. 아니, 이참에 아예 단백질에 선전 포고를 하고 담쟁이가 절대 붙을 수 없는 페인트를 개발하는 것은 어떨까? …… 태양이 이글대는 뜨거운 여름날에 무섭도록 효율적인 식물과 전투를 벌이다 보니 그런 페인트만 있으면 내 전 재산이라도 내놓고 싶을 정도로 참담하다.

여름

하늘에서 뚝 떨어진 식물

다섯 번째 산책

SF 영화에 등장하는 외계인은 대개 우주 저 멀리에서 지구를 정복하러 온 나쁜 괴물이다. 아니면 지구인은 발뒤꿈치도 못 쫓아갈 만큼 고도로 발달한 과학 기술로 무장하고서 방관하는 듯한 태도로 지구인을 지켜보는 수호 정령이다.

외계인이나 생물 다양성을 주제로 대화를 나눌 때면 스티븐 스필버그Steven Spielberg 감독의 영화 <우주 전쟁War Of The Worlds>에 나오는 공격적인 우주 침략자도 따라 입에 오른다. 또 E. T.

같은 손님들, 그러니까 불의의 사고로 흩어진 형제를 찾거나 맡은 임무에 실패해서 낯선 행성에 홀로 남겨진 여행자, 또는 동족을 모두 잃고 혈혈단신 혼자 남아 자기 행성에서마저 외계인이 되어 버린 외톨이의 이야기도 자주 등장한다.

지구에서 가장 외로운 나무

우드소철*Encephalartos woodii**은 하늘에서 뚝 떨어져 동족을 잃고 혼자 남은 외계인과 처지가 똑같다. 이국적인 정원을 좋아하는 사람이라면 한 번쯤 탐내 봤을 이 녀석은 전 세계에 딱 한 그루밖에 안 남았다. 그래서 뭇 사람들의 관심과 사랑을 한몸에 받고 있다.

우드소철은 1895년에 존 메들리 우드John Medley Wood라는 식물학자가 남아프리카공화국의 응고야 원시림에서 처음 발견했다. 희귀 식물을 찾고 있던 우드는 연구를 목적으로 녀석을 집으로 데려왔다. 이 소철은 그가 바라던 대로 진짜 희귀한 나무였다. 학자들이 100년 넘게 온갖 소철을 조사했지만, 이 종의 다른 표본을 찾지 못한 것이다. 소철은 암수딴그루 나무인데, 이

---

*   종명 woodii가 이 나무를 발견한 식물학자 존 메들리 우드의 이름에서 온 것이다.

녀석은 홀로 남은 수그루, 즉 세상 어디에도 동종의 암그루가 존재하지 않는 홀아비 식물인 셈이다.

스필버그의 E. T.처럼 우리의 E. W.도 슬프고 외로우며 혈혈단신이다. 녀석은 지구 곳곳의 식물원이나 돈 많은 식물 애호가의 정원에 서서 외로움에 눈물을 흘린다. 하나뿐인 나무가 어떻게 지구 곳곳에 존재하느냐고? 우드소철의 발치에 난 싹을 키워 만든 클론clone*이 500그루 이상 존재하기 때문이다. 여러 나라에서 수많은 사람이 지구상에 단 한 그루 남은 이 식물을 갖고 싶어 안달한다. 녀석은 남들에게 자랑할 수 있는 진기한 식물이요, 돈을 벌 수 있는 사업 모델이다. 내가 이 책에 우드소철을 소개하는 짓도 사실 광고나 다름없다. 녀석의 사연을 널리 알리고 사람들의 식물 관음증을 부추김으로써, 야생에는 단 한 그루도 남지 않았다는 사실에 매력을 느낄 잠재적인 수집가들의 호기심을 자극할 테니 말이다. 하지만 목적이 무엇이었든 간에 우드소철을 그대로 두었다면 아마 녀석은 몇십 년 전에 이미 멸종하고 말았을 것이다.

겉모습이 야자나무를 닮은 우드소철은 진화의 잔재다. 우드소철뿐 아니라 소철목Cycadales 전체가 2억 5,000만 년도 더 전, 녀석들이 대륙에서 번성하던 그 시절의 특징을 고스란히 간직

---

* 단일 개체로부터 무성 증식으로 생긴, 유전적으로 동일한 개체군.

하고 있다. 당시의 대륙이란 지금의 모든 대륙이 아직 떨어지지 않고 한 덩어리로 붙어 있던 슈퍼 대륙 판게아Pangaea를 말한다. 그러니까 소철목은 쥐라기의 잔존 식물이다. 그 시절에는 녀석들이 지구를 장악했지만, 세월이 흐르면서 차츰차츰 비옥한 땅에서 쫓겨났다. 속씨식물이 등장해 공격적으로 번성하며 최고의 자리를 차지하기 시작한 것이다. 소철은 크기도 점점 줄어들었고 생태계의 틈새로 멀찍이 밀려났다. 그러다 보니 언젠가부터 개체군 사이의 거리가 너무 멀어져서 꽃가루받이를 도와주는 딱정벌레가 오갈 수 없게 되었고, 결국 번식 가능성을 모두 잃고 말았다.

그 결과 우리는 소철의 수많은 종을 화석 연구 자료에서나 볼 수 있게 되었고, 아직 남은 소수의 종은 '살아 있는 화석'이라는 듣기에 썩 좋지 않은 별명을 얻게 되었다. 그중에서도 우드소철은 아마 제일 외로운 종일 것이다. 그리고 올리버 색스Oliver Sacks 의 《색맹의 섬The Island of the Colorblind》에 소개된 소철과 더불어 가장 유명한 종일 것이다. 우드소철은 E. T.가 아니지만, 녀석의 사연과 존재에 '외계 식물'의 분위기가 가미된 것은 그저 마지막 표본이 지구에 작별 인사를 고하려는 찰나에 인간을 만났기 때문이다.

진화의 보복

인간은 자주 착각에 빠져서 조물주라도 된 양 행동한다. 돈을 벌기 위해서 자연을 마음대로 주물럭대는가 하면 동정심 때문에도 자연에 함부로 손을 댄다. 인간은 아스팔트를 깔고 개간하고 멸종시키고 더럽히는 한편으로, 우드소철같이 홀로 남은 고아 나무를 보면 페이스북에서 어미 잃은 새끼 고양이를 본 마냥 애처로운 마음을 어쩌지 못한다.

그래서 인간들은 하늘에서 뚝 떨어져 어찌할 바 모르는 외계인 같은 우드소철에 특별한 관심을 쏟았다. 이미 관심의 도가 지나쳐 자연스러운 수준을 훨씬 넘어섰지만, 따지고 보면 또 너무나 인간적인 현상이기도 하다. 이 역시 세상에 단 하나밖에 없는 것을 소유하고픈 강박, 진화의 과정을 조작하고 통제하려는 욕망이니 말이다. E. T.가 그랬듯 우리의 E. W.도 비밀을 알아내고 가족 관계를 밝히려는 사람들의 추적과 질문 공세에 시달렸다. 당신 순종이야? 혹시 잡종 아냐? 부모가 누구야? 꽃 피울 줄 알아? 당신 혹시 낙오자 아냐? 어릴 때 학대당했어? 다른 종하고 짝을 맺어 볼 생각 없어?

이 모든 질문에서 거대한 진화의 물결을 거스르려는 잔혹한 생명 연장 조치의 기운이 느껴진다. 실제로 오늘날 연구자들은 농업에 주로 쓰는 선별 기술을 투입해 우드소철의 암그루를 만들어 내고자 애쓰는 중이다. 번식력을 갖춘 동족을 부활시켜 우리 외계 식물의 고독을 해결해 주겠다는 계획이다. 일단 우드소철과 같은 가시잎소철속에 속하는 나탈소철*Encephalartos natalensis*[*] 암그루를 우리의 주인공과 교배한다. 여기서 얻은 암그루 개체를 다시 우드소철과 역교배하고, 이런 식으로 계속해 나가서 결국 존 메들리 우드가 발견한 그 소철과 유전자가 거의 일치하면서 암꽃이 달린 표본을 얻어 내겠다는 것이다.

식물 시장에서는 이 같은 교배종이 '진품'으로 거래되는 경우도 허다하고, 원래 개체의 클론인 양 높은 가격에 팔리기도 한다. 고독도 비싼 상품이 되는 세상이다. 이를 증명이라도 하듯 2004년에 우드소철의 공식 클론이 경매에서 약 4만 3,000유로(약 5,500만 원)에 낙찰되었다. 이러다가 가격만 비싸면 위조품 거래도 정당화되는 것은 아닌지 고민해 볼 일이다.

나는 우리의 E. W.가 너무나도 가여워서 탈주극이라도 꾸며 녀석을 탈출시키고 싶다. E. W.를 야자나무로 위장해 자전거 바구니에 싣고서 보름달이 둥실 뜬 맑은 밤에 남아프리카 열대 우림으로 날아가고픈 마음이 굴뚝같다. 그러나 모든 낯선 존재가 그렇듯 우리의 외계 소철 역시 비밀의 숨결에 싸여 있기에 이런

---

[*]   종명 natalensis는 '나탈 지역이 원산지'라는 뜻이다. 나탈은 오늘날 남아프리카공화국의 콰줄루나탈주를 가리키며, 우드소철이 발견된 원시림도 이 지역에 있다.

클리셰에서 도망치기란 사실상 불가능에 가깝다.

최근 유전학계에서는 1895년에 발견한 우드소철을 유전자 구조가 비슷해서 친척일 가능성이 있는 다른 식물들과 비교해 보았다. 그런데 그것들은 모두 독자적인 종이 아니라 잡종이었다. 골치 아프도록 다양하고 역동적인 식물의 세계를 모조리 파헤쳐 분류하고 이름 붙여 서랍에 칸칸이 집어넣으려는 인간의 욕망을 비웃는 진화의 작은 보복인 셈이다.

쫓겨난 것을 향한 연민

야생에서는 이미 멸종했으나 인간이 관상용이나 연구용으로 또는 불쌍한 마음에서 억지로 생명을 연장해 붙들고 있는 식물의 사연은 이것 하나로 그치지 않는다. 프랑클리니아 알라타마하*Franklinia alatamaha*는 눈처럼 하얀 꽃과 장밋빛 잎이 예뻐서 정원의 관상식물로 인기를 끈 덕분에 겨우 멸종을 면했다. 빨간 꽃이 별 모양으로 예쁘게 피는 다육 식물 그라프토페탈룸 벨룸*Graptopetalum bellum*을 비롯해 층층잎에리카*Erica verticillata*[*], 털협죽

---

[*] 종명 verticillata는 '돌려나기'라는 뜻으로, 잎이 줄기를 빙 돌아가면서 층층이 나는 구조를 말한다.

도*Holarrhena pubescens**, 물결잎피트카이르니아*Pitcairnia undulata***, 로빈스자운영*Astragalus robbinsii****, 하와이종려나무*Pritchardia affinis***** 등은 모두 야생에서는 찾아볼 수 없고 누군가의 정원이나 열대와 온대 식물원 등에서만 볼 수 있다. 인간이 억지로 종의 생명을 연장하고 있는 진화의 마지막 자손들인 까닭이다.

인간의 이 같은 노력은 얼핏 보기에 식물을 배려하는 것 같지만, 혹시 생태계를 전체적으로 이해하려 하지 않고 단순히 개별 식물만을 생각한 오지랖은 아닐까 하는 걱정이 든다. 그런데 어찌 보면 이런 오지랖은 너무나 인간적인 충동이므로 특정 식물종을 보존하려는 노력이 '틀렸다'고 단정할 수도 없다.

인간은 자연의 선별 활동에서 밀려난 것들을 억지로 경기장에 다시 밀어 넣으려고 애쓴다. '자연적' 진행에 개입하고자 소매를 걷어붙이고 나서는 것이다. 얼마 안 있으면 이 세상 식물이 아닐지도 모른다는 이유로 그 식물의 사연에 열광하고, 녀석이 망각의 늪에 영영 빠져 버리기 전에 서둘러 끌어내느라 돈과

---

*   종명 pubescens는 '솜털이 있다'는 뜻이다.
**   피트카이르니아는 파인애플과의 식물로, 영국의 의사이자 정원사인 윌리엄 피트케언 박사의 이름을 딴 것이다. 종명 undulata는 잎 가장자리가 '물결치듯 구불구불한 모양'을 뜻한다.
*** 종명 robbinsii는 미국의 의사이자 식물학자인 제임스 로빈스의 이름을 딴 것이다.
**** 하와이 고유종이어서 '하와이종려나무'로 불리지만, 국가생물종지식정보시스템에 등록된 이름은 아니다.

에너지를 투자하고, 나아가 E. T. 같은 스타로 만들어 초호화판 결혼식을 올려 주고 싶어 한다. 지극히 평범하게 수분하고 열매 맺으며 번식하는 '지상의' 수많은 종에는 전혀 해당 사항이 없는 '외계 식물'만을 위한 특혜인 셈이다.

여름

생산자에서 소비자로

여섯 번째 산책

초등학교 시절, 여름에 학교가 파하면 나는 곧장 할아버지 정원으로 달려가 긴긴 오후를 보냈다. 할아버지의 일손을 덜어 드리자는 마음도 있었지만, 잔소리하는 사람 없이 자유를 만끽하고픈 마음이 더 컸을 것이다. 할아버지는 무엇이든 내 마음대로 하게 내버려 두셨는데 화단이나 수풀 뒤에서 작은 볼일을 보아도 '거름 준다'는 듣기 좋은 말로 흔쾌히 허락하셨다. 그런데 나는 배설의 기쁨을 느끼면서도 한편으로는 마음 한구석이 찜찜

했다. 무엇보다 그 텃밭에서 거둔 채소가 우리 집 식탁에 올랐기 때문이고, 내 오줌 세례를 받은 잔디가 말라 버리는 일도 잦았기 때문이다. 하지만 그 나이 또래의 아이들이 다 그렇듯 금지의 담을 넘게 해 주는 '무임승차권'의 유혹은 너무도 커서 화장실까지 달려가지 않고 대충 볼일을 해결하는 짓을 그만둘 수가 없었다.

나의 방뇨가 몰고 온 이런저런 결과에 대해 구체적으로 알게 된 것은 그로부터 세월이 한참 흐른 뒤였다. 더불어 이론적으로는 틀리지 않은 방법도 실제로 적용해 보면 이론대로 돌아가지 않는다는 사실도 알게 되었다.

인간의 소변을 거름으로 이용하자는 아이디어는 예상보다 많은 연구로 이어져 이미 다양한 결과가 나와 있다. 많은 과학자가 소변 비료의 득과 실을 꼼꼼히 따져 위험을 최소화하면서도 결실은 최대화할 방안들을 고민했다. 그들은 다양한 식물을 대상으로 소변 비료를 실험했는데, 재미나게도 관상용 식물은 하나도 없고 모두 식용 작물 일색이었다. 실험 결과를 한마디로 요약하자면 '비슷하지만, 더 낫지는 않다'고 할 수 있다. 인간의 소변을 거름으로 주었더니 화학 비료를 사용했을 때와 비슷한 결과가 나왔지만, 그보다 더 나은 결과는 아니었다는 뜻이다. 물론 전혀 비료를 주지 않았을 때보다는 어쨌든 결과가 좋았다. 결국 상황에 따라 소변을 비료의 대안으로 고려할 수는 있지만,

신중하게 접근해야 한다고 결론 내릴 수 있겠다. 할아버지처럼 "누고 싶을 때 아무 데나 눠!"라고 해서는 안 되는 것이다.

배출한 만큼 거두는 순환 경제

소변을 거름으로 활용하는 것이 비합리적인 생각이 아니라는 사실은 화학적으로 입증할 수 있다. 소변에는 거의 모든 비료의 기본 성분인 질소, 인, 칼륨이 포함되어 있기 때문이다. 예부터 우리는 가축의 분뇨를 거름으로 사용해 왔다. 똥과 오줌을 섞어 사용하는 일도 많은데, 소의 배설물처럼 똥오줌을 따로 받아 두었다가 거름을 줄 때 섞기도 하고, 닭처럼 소변과 대변의 배출 기관이 분리되지 않은 가축을 활용할 때는 배설물을 그냥 섞어 뒀다가 쓰기도 한다. 그러니 위생적인 이유가 아니라면 인간의 배설물 역시 활용하지 못할 이유가 없을 것이다.

물론 이런저런 공식적인 금기는 있지만, 이론적으로는 인간의 배설물을 거름으로 써도 된다는 다양한 실험 결과가 이미 나와 있다. 심지어 인간의 소변은 질소와 인, 칼륨의 비율을 따져 볼 때 장점이 크다. 원래 상태에서는 그 비율이 18:2:5이고, 화장실에서 물을 내려보내 희석했을 때는 15:1:3이다. 특히 질소는 식물의 성장과 개화를 촉진하고 식물의 총 중량을 늘리는 데 없어서는 안 될 원소다. 그래서 화초용이든 채소용이든 그 밖의 농작물용이든 가리지 않고 모든 비료에 질소가 들어 있다. 공기 중에도 다량 포함되어 있지만, 식물은 호흡으로 질소를 들이마시지 못하므로 암모늄염이나 요소 형태로 공급해 줘야 한다.

한 사람이 1년 동안 생산하는 평균 소변량이 500ℓ라는 사실을 기준으로 계산하면 우리는 모두 한 해에 1kg의 칼륨과 인, 2~4kg의 질소를 배출한다. 이 중에서 질소만 따로 살펴보면 소변을 통해 배출하는 질소 중에서 정원이나 밭에서 사용하는 화학 비료처럼 요소 형태를 띤 비율은 약 85%다. 그리고 소변 1ℓ에 포함된 요소는 화학 비료 100g에 든 요소의 양과 맞먹는다. 물론 사람에 따라 차이는 있다. 우리가 배출하는 요소는 단백질 대사의 부산물이므로 식습관에 따라 최고 100%까지 차이가 날 수 있다. 스웨덴 같은 유럽 국가에서는 1인당 연간 4kg의 요소를 배출하지만, 고기를 많이 먹지 않는 케냐에서는 그 양이 절반에도 못 미친다. 안타깝게도 이 같은 차이 때문에 소변 비료는 화학 비료보다 경쟁력이 떨어질 수밖에 없다. 화학 비료는 구성 성분을 정확히 알 수 있지만, 소변에 포함된 영양소는 어림짐작할 수밖에 없으니 말이다.

그런데 화학 비료에 든 요소는 돈을 주고 사야 하는 데다가 그것을 만들자면 환경에 해를 끼친다. 이와 달리 소변은 사람이 사는 곳이면 어디서든 무료로 구할 수 있다. 그래서 많은 과학자가 이 공짜 질소를 맞난 채소로 바꿀 방도를 찾기 시작했다. 당연히 그 채소를 먹고 배가 아파 병원으로 실려 가서는 안 될 것이다. 과학자들은 지난 20년간 세계 곳곳에서 수십 번에 걸쳐 실험하며 소변 비료가 특정 식물에 어떤 영향을 미치는지 관찰했다. 탄자니아에서는 시금치, 핀란드에서는 순무와 양배추, 비트, 토마토, 호박, 멕시코에서는 양상추와 회향, 독일에서는 귀리, 중국과 베트남에서는 벼와 밀, 스웨덴에서는 보리와 오이를 각각 실험했다.

이 과정에서 과학자들은 실험에 사용할 양질의 소변을 모으기 위해 머리를 맞댔다. 연구자들의 열정과 천재성과 근면함이 어우러지니 당연히 시너지 효과가 나타났다. 소변만 따로 모을 수 있는 화장실을 개발한 것이다. 이 화장실에서는 소변과 대변을 철저히 분리해 소변이 대장균이나 다른 병원균에 오염되는 것을 방지함으로써 소변 활용의 최대 걸림돌이던 위생 문제를 해결했다. 나아가 이 분뇨 처리 시스템은 폐수 처리에도 도움이 되는 덕분에 연구를 떠나 다른 곳에서도 인기가 높다. 실제로 농촌이나 오지의 위생 문제를 해결하는 데 크게 이바지해서 배수 시설이 미비한 개발 도상국뿐 아니라 북유럽처럼 인구 밀도가 낮은 지역이나 숲속에 지은 외딴 오두막 등에도 적극적으로 활용하고 있다.

당연히 실험에도 크게 도움이 되었는데, 자작나무 숲에 드문

드문 흩어진 오두막에서 수거한 소변을 비료로 이용한 실험에서 가장 성공적인 결과가 나왔다. 스웨덴 학자들에 따르면 이런 소변을 면밀하게 활용할 수만 있다면 현재 스웨덴의 농업에 필요한 질소 비료의 약 20%를 충당할 수 있다고 한다. 밀을 대상으로 한 실험 결과를 순수하게 이론적으로만 계산해 보면 한 사람이 1년 동안 생산한 오줌으로 약 250kg의 곡물을 재배할 수 있다. 이는 한 사람이 1년간 소비하는 밀의 양에 맞먹는다. 먹은 만큼 배출하고, 배출한 만큼 다시 거두는 셈이다.

 소변 비료 실험 사례 가운데 몇몇은 결과가 우수할 뿐 아니라 시행 방식도 매우 모범적이었다. 잠시 실험 과정을 따라가 보자. 먼저 토지를 세 구역으로 나누고 통계적으로 유의미한 수의 식물을 심는다. 이후 첫 번째 구역에는 비료를 전혀 주지 않고, 두 번째 구역에는 시중에서 구할 수 있는 화학 비료를 사용 설명서에 따라 알맞게 뿌렸으며, 세 번째 구역에는 사람의 오줌을 희석한 뒤 여러 보존 처리를 거쳐 거름으로 주었다. 화학 비료나 소변을 땅에 뿌리기 전에는 흙 속의 박테리아와 영양소 함량을 검사했고, 식물이 자라는 동안에는 성장 속도를 관찰하고 기록했으며, 잎과 꽃, 열매의 수, 수확 시 열매의 무게, 면적당 수확량 등을 꼼꼼히 조사했다. 마지막으로 당분, 색소, 향기처럼 인간이 인식할 수 있는 몇 가지 요소도 측정했다. 작물의 맛도 무시할 수 없으므로 블라인드 테스트를 시행해 소비자가 맛의 차이를 느끼는지 확인했으며, 오염 여부 역시 빠트리지 않고 점검했다.

실험 결과, 오줌으로 키운 식물을 포함해 세 구역의 식물 모두에서 경계 수치를 넘어서는 병원균은 발견되지 않았다. 하지만 식물의 성장 속도에는 약간 차이가 있었다. 처음에는 소변으로 키운 식물이 화학 비료로 키운 식물보다 성장 속도가 느렸지만, 얼마 후 따라잡았다. 심지어 소변으로 키운 식물의 수확 시기가 더 이른 경우도 있었다. 하지만 이는 그리 중요한 차이는 아니었다. 실질적으로 중요한 차이는 단 하나, 바로 작물의 품질이었다. 토마토*Solanum lycopersicum*나 오이 같은 몇몇 작물은 비료의 종류에 상관없이 작황이 같았고, 소변으로 키운 쪽이 살짝 더 나은 것도 있었다. 하지만 호박*Cucurbita* 같은 다른 작물은 화학 비료가 훨씬 더 풍성한 수확을 안겨 주었다. 물론 비료를 전혀 쓰지 않은 구역에서는 항상 작황이 나빴고, 심지어 비트*Beta vulgaris*는 수확량이 화학 비료를 쓴 경우의 4분의 1밖에 되지 않았다.

그렇다면 맛 테스트에서는 어떤 결과가 나왔을까? 예상과 달리 유의미한 차이가 없었다. 이는 날것으로 먹었을 때나 익혀 먹었을 때나 마찬가지였다. 소비자의 혀는 오줌으로 키운 토마토와 화학 비료로 키운 토마토를 구분하지 못했다. 실제로는 화학 비료로 키운 쪽이 당분, 색소, 향기 물질의 양이 더 풍부하지만, 미각 테스트 결과가 보여 주듯이 우리는 그 차이를 인식하지 못한다. 소변을 먹고 자란 작물과 화학 비료를 먹고 자란 작물의 맛의 차이는 인간의 감각을 넘어선 정밀한 측정기로만 알아낼 수 있을 정도로 미미하다.

적절한 양과 농도 맞추기

수확한 작물이 얼마나 보기 좋고 맛있는가도 중요하지만, 진정한 평가를 내리려면 소변 비료의 양과 합목적성에 대해서도 질문을 던져야 할 것이다.

호박은 성장하기 시작한 직후 처음 몇 주 동안은 희석한 소변 7ℓ를 두 번에 나누어서 주고, 그 이후에는 1ℓ의 소변을 세 번에 나누어 주었을 때 최고의 결실을 보았다. 이렇게 하면 호박 농사에 필요한 권장 질소량, 즉 1ha당 약 110kg의 질소를 공급할 수 있기 때문이다. 오이는 첫 성장 단계에서 10~15일에 한 번씩 약 2ℓ의 소변을 주었을 때 가장 효과가 좋았다. 이렇듯 식물 종마다 필요한 질소량이 다르므로, 이를 정확히 고려해야 원하는 결과를 얻을 수 있다. 우리 할아버지처럼 무작위로 소변을 뿌렸다가는 득보다 실이 클 수도 있다. 참고로 실험 결과를 종합해 계산해 본 소변 비료 권장량은 다음과 같다. 요산이 적게 필요한 식물(콩, 완두콩, 양상추)은 6,500ℓ, 필요량이 중간 정도인 식물(양파, 곡물, 감자)은 1만 5,000ℓ, 요산이 많이 필요한 식물(토마토, 오이, 양배추)은 2만 3,000ℓ 이상이다.

식물처럼 복잡한 생명체를 다루는 일은 생각보다 까다롭다. 소변 비료는 모든 성분을 균일하게 함유하지 않아서 아무 작물에나 똑같이 사용하면 안 된다. 소변에는 인 함유량이 적어서 대체로 화학 비료보다 수확량이 떨어진다. 특히 호박은 화학 비료를 사용하면 소변을 거름으로 주었을 때보다 열매를 두 배 더 많이 딸 수 있다. 소변에는 호박꽃의 개화를 돕는 칼륨이 화학 비료보다 적게 들었기 때문이다. 양배추*Brassica oleracea*처럼 잎의 비율이 높은 식물은 질소가 많이 필요하므로 소변으로 키웠을 때 득을 보지만, 열매를 맺는 작물은 칼륨이 많이 필요해서 소변 비료를 쓰면 수확량이 눈에 띄게 줄어든다. 이런 점을 보완하려면 소변에 재를 섞어 부족한 인과 칼륨을 보충하면 된다. 그런데 이마저도 그리 호락호락하지 않다. 화학 비료는 질소와 인과 칼륨의 양을 정확히 알 수 있어서 식물마다 필요한 만큼씩 맞춰 줄 수 있지만, 소변은 성분비가 들쭉날쭉하고 질소의 양이 인과 칼륨보다 월등히 많기 때문이다. 신중하게 사용하지 않으면 득보다 실이 클 수도 있다고 한 이유가 바로 여기에 있다.

할아버지는 나더러 아무 데나 가서 누라고 하셨을 뿐, 올바른 배뇨 형식을 알려 주시지 않았다. 그 탓에 나의 즉석 거름은 좋지 않은 결과를 불러오기도 했다. 특히 잔디*Zoysia*가 해를 많이 입었다. 내가 신나게 오줌을 싸고 나면 며칠 후 그 구역의 잔디가 누렇게 변했다. 반대로 그 구역의 가장자리에 있는 잔디는 다른 구역의 친구들보다 더 푸르고 싱싱했다. 나중에 어른이 되어서야 그 이유를 알았다. 더불어 소변을 거름으로 쓰자는 아이디어가 이론상으로는 그럴싸해도 실현하기는 쉽지 않은 까닭도 알게 되었다.

사람의 소변에 든 요산의 농도는 식물이 좋아하는 농도보다 5~10배 정도 진하다. 그래서 희석하지 않으면 양분은커녕 독이 된다. 내 오줌의 직격탄을 맞았던 호밀풀*Lolium perenne*도 잔디와 같은 신세가 되었다. 잎에 소변이 직접 닿은 탓에 누렇게 시들고 만 것이다. 또 소변은 전해질을 다량 함유해서 물을 충분히 섞지 않으면 흙의 염도를 높인다. 그런데 소변의 영향을 간접적으로 받는 가장자리 구역에는 우연히도 식물에 이상적인 분량의 양분이 스며든다. 소변이 주변 땅으로 흩어지면서 물로 희석한 것과 같은 효과가 나타나 적당한 농도를 띠게 되는 것이다. 그 덕분에 잔디밭의 다른 구역보다 더 유익한 성장 환경이 조성된다.

따라서 거름을 주려다가 오히려 식물을 죽이는 사태를 방지하려면 씨를 뿌리기 전에 희석한 소변을 먼저 땅에 뿌리면 된다. 이미 식물이 자라고 있는 땅이라면 식물에서 10~20cm 떨어진 곳에 작은 구멍을 파서 소변을 부어 줘야 뿌리가 전해질의 바다에 빠져 익사하는 사태를 막을 수 있다.

사람의 오줌을 거름으로 쓰는 것이 유익한지 해로운지는 딱 잘라 말할 수 없다. 소변에 함유된 요산의 양과 땅속의 질소 함량 그리고 무엇보다 작물의 종류를 잘 살펴 신중하게 결정해야 한다. 비트처럼 염도가 높은 땅에서도 잘 견디는 작물은 소변 비료를 써도 무방하지만, 당근*Daucus carota*은 예민해서 그런 환경에서 제대로 자라지 못한다. 할아버지가 아무 데나 누고 싶은 데 눠도 된다고 말씀하신 것은 이 모든 사실을 미처 몰랐기 때문일 것이다.

여름

땅속에서 찾은 보물

일곱 번째 산책

오늘은 정원을 파헤쳐 보물찾기에 도전해 볼까? 혹시 뭔가 진귀한 것이 묻혀 있을지도 모르니까. 그러자면 먼저 갖춰야 할 것이 있다. 제법 그럴싸한 전설, 전설만큼 그럴싸한 지도, 땅을 파고 보물을 꺼내는 데 필요한 도구. 이 중 하나라도 없으면 보물찾기는 애당초 글렀다. 어디서 뭘 어떻게 찾아야 할지 알 수 없을 테니 말이다.

땅을 파헤쳐 탄소를 찾는 일도 보물찾기와 별반 다르지 않다.

뭔가를 찾으려면 적어도 그것이 존재할 것이라는 가설 정도는 있어야 하는 법이다.

20여 년 전까지만 해도 짙은 빛깔에 찰기가 도는 비옥한 흙을 만드는 유기 성분은 휴민산humic acid과 풀빈산pulvinic acid이라는 두 가지 화학 물질의 결합물이라고 생각했다. 생명체가 분해될 때 생겨나는 이들 화학 물질은 구조가 매우 복잡하며 탄소를 다량 함유하고 있다. 이 물질들이 많다는 것은 곧 그 땅이 비옥하다는 증거이므로 퇴비나 거름을 쓸지 말지 결정하는 기준으로 삼을 수 있다. 여러분 정원의 흙이 너무 딱딱하고 진흙이 많다고? 그렇다면 토탄*과 부식토가 많이 함유된 토양 개선제를 사다가 부어 보시라. 흙이 아주 부드러워질 것이다. 이만하면 정원의 흙을 비옥하게 하는 보물을 찾은 셈일까? 유감스럽게도 휴민산과 풀빈산은 보물이 아니다.

얼마 전까지만 해도 흙에 관해서라면 보물을 찾으러 나서고 싶은 마음이 들 만큼 그럴듯한 전설도, 보물 지도도 없었으며, 무엇보다 신중하게 땅을 파헤칠 도구가 없었다. 그런데 어느 날 호기심으로 똘똘 뭉친 미국의 한 미생물학자가 흙에 관한 지금까지의 생각이 틀렸음을 알아차리고 흙 속의 보물찾기에 뛰어

---

*   땅속에 묻힌 시간이 오래되지 않아서 완전히 탄화하지 못한 석탄. 이끼나 벼 따위의 식물이 습한 땅에 쌓여 분해된 것으로, 비료나 연탄의 원료로 쓰이는 천연자원이다.

들었다. 그는 이전과는 다른 방식으로 토양을 테스트하고 구분하기 시작했는데, 문득 정신을 차리고 보니 그 누구도 찾지 못했던 보물을 손에 쥐고 있었다. 땅의 유기 성분이 생물 분해의 결과물만은 아니라는 사실을 알게 된 것이다. 게다가 그가 새로이 발견한 물질은 양도 풍부하고 식물이 성장하는 데 매우 유익한 것이었다. 바로 탄수화물과 단백질이 결합한 '당단백질'이다. 당단백질은 약간의 금속 이온을 흡수해 붙잡아 두는 성질이 있어서 철 함유량이 1~9%에 달한다. 구성은 가변적인데, 편의상 뭉뚱그려 글로말린glomalin이라고 부르는 비슷한 단백질들의 혼합물이다. 흙 속에 풍부하게 함유된 이 물질이 오랫동안 알려지지 않았던 까닭은 극단적인 상황에도 잘 견디는 놀라운 저항력 때문이다. 그래서 과거의 방식으로는 땅속에서 추출할 수 없었던 것이다.

글로말린은 물에 녹지 않고 열에도 강하다. 물을 싫어하는 성질 덕분에 땅속 광물과 잘 어울려 그것들을 바짝 끌어당긴다. 그래서 글로말린 함량이 높은 흙은 반죽처럼 찰지다. 글로말린의 정체를 확인할 수 있게 되자 초지, 정글, 논밭, 숲, 심지어 사막에도 글로말린이 있는 것으로 밝혀졌다. 농도는 흙 1g당 1~100mg이었고, 비옥한 토양의 상층에 많이 분포해 주로 상부 몇 센티미터 안에서 발견되었으며, 1m 이상 깊은 곳에서 발견되는 경우는 극히 드물었다.

한 번 생성된 글로말린이 완전히 분해되기까지는 7~42년이 걸린다. 토양 유기물 중에서 화학적, 물리적 분해 작용에 저항하는 능력이 글로말린보다 더 뛰어난 물질은 없을 것이다. 다시 말해 글로말린은 장기 보존이 가능하다. 이는 글로말린을 향한 인간의 관심을 자극하는 요인이 된다. 글로말린을 토양

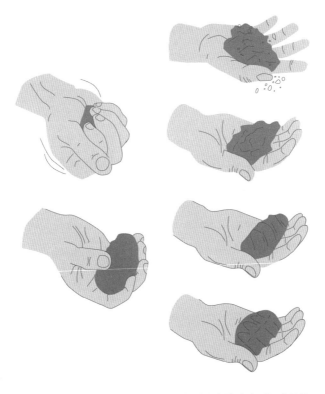

토양이 얼마나 딱딱하고 부드러운지, 얼마나 찰기가 있는지 등은
유기물의 양에 따라 달라진다.

관리에 이용하면 토양 개선제나 비료를 덜 쓰고도 토양의 질을 유지할 수 있을 테니 말이다. 한마디로 비용과 수고를 대폭 아낄 수 있다.

모두에게 좋은 초유기체

휴민산은 미생물이 죽은 생물을 분해하고 난 뒤에 남는 최후의 물질이다. 단백질은 휴민산과 달리 생명 활동에 필요한 대사 물질이다. 땅속에서 그것을 찾겠다는 생각을 아무도 하지 못한 데는 이런 이유도 한몫했을 것이다.

지금까지 알려진 유일한 글로말린 생산자는 부패 물질에서 영양을 취하는 박테리아나 균류가 아니라 식물과 협력하는 수많은 미생물 중 하나다. 수지상 균근균樹枝狀 菌根菌으로 불리는 이 녀석은 일종의 균류인데 수많은 식물과 공생 관계를 맺고 뿌리에서 살아간다. 글로말린 시장을 장악한 수지상 균근균은 어디를 가나 놀라울 정도로 자주 출몰한다. 10여 종의 아종이 서로 뒤섞여서 지구 곳곳에 분포하는 까닭에 어느 기후, 어떤 환경에서도 녀석들을 관찰할 수 있다. 과학자들은 육지 식물의 약 80%가 수지상 균근균과 동맹을 맺고 살아가는 것으로 추정하고 있다.

부산물을 좋아하는 일반 균류와 달리 수지상 균근균은 각 식물에서 직접 당의 형태로 에너지를 취한다. 녀석은 이 에너지를 이용해 성장하고 '신체'에 해당하는 균사 안에서 많은 양의 글로말린을 생산한다. 이 녀석들과 식물의 제휴 원칙은 한마디로 간단히 정의할 수 있다. "득이 되는 일에 투자하라!" 실제로 광합성으로 생산한 전체 당분의 무려 85%를 수지상 균근균에 내주는 식물 종도 있다. 도대체 어떤 이득을 보기에 그런 엄청난 투자를 마다하지 않는 것일까?

수지상 균근균은 어마어마하게 자랄 수 있어서 한 집단이 여러 식물에 동시에 '서비스'를 제공할 수 있다. 녀석이 점점 세력을 키워 인근에 나란히 자라는 여러 식물을 잇는 네트워크를 형성하면 식물들은 이 네트워크를 활용해 서로 자원을 교환할 수 있다. 식물과 미생물이 결합한 일종의 '초유기체*'가 형성되는 것이다. 떨어져 있지만, 생존이라는 공동의 목표를 위해 결합한 유기체들의 연맹, 가히 하나의 부족이라 할 만하다.

누구라도 이렇게 서로 연합해 협력한다면 어려운 상황에서도 살아남아 번식하기가 수월할 것이다. 균사는 식물과 상호 지원 협정을 맺고 식물에서 당분을 얻는 대신 기다란 뿌리가 되어

---

* 개미나 꿀벌처럼 군집 생활을 하며 집단 전체가 하나의 생명체와 같은 생존 방식을 취하는 생물.

준다. 그 덕분에 식물은 흙과의 접촉면이 늘어나 물과 무기물(특히 인과 인산염)을 더 많이 흡수할 수 있다. 균사가 많을수록 식물은 영양분을 많이 얻어 가뭄이 닥쳐도 잘 버틸 수 있고, 튼튼해진 식물은 균사에 더 많은 탄수화물을 제공할 것이며, 수지상 균근균 역시 그 당분 덕에 힘든 시절을 무사히 넘길 수 있을 것이다. 나아가 균사는 흙 속에 숨은 유해 미생물을 차단하는 1차 방어선이 되어 경비견처럼 든든하게 식물을 지킨다. 수지상 균근균과 식물의 제휴 관계는 하나를 주면 하나를 돌려받는 계약을 넘어 진정으로 서로에게 득이 되는 협력 관계다.

균사는 수명이 비교적 짧고, 성장하는 동안 식물의 뿌리 끝부분을 따라 땅속으로 점점 들어간다. 즉, 뿌리가 방금 개척한 지역에서는 새로운 균사가 생겨나고 뒤에 남은 균사는 며칠 후 죽어 녹아 버린다. 그러면 죽은 균사에 담겨 있던 글로말린이 따라 녹아서 금세 글로말린이 흙의 주요 성분이 된다.

그런데 수지상 균근균은 무슨 이유로 막대한 자원을 투자해 엄청난 양의 글로말린을 만들어 놓고는 죽을 때까지 간직하고만 있는 것일까? 간단히 말해 '장기 투자'를 하기 위해서다. 식물과 미생물은 영리하게도 당장 눈앞에 있는 이득만 추구하지 않는다. 오히려 에두르는 방식을 택한다. 균류가 살아 있는 동안에는 글로말린이 균류의 생존을 돕고, 죽어서는 땅에 값진 유산을 남겨 간접적으로 식물을 돕는 식이다. 식물이 죽어 동맹이

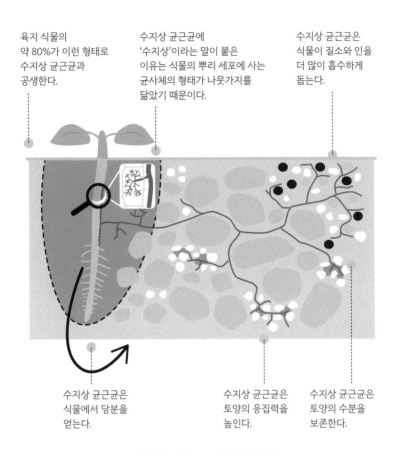

육지 식물의
약 80%가 이런 형태로
수지상 균근균과
공생한다.

수지상 균근균에
'수지상'이라는 말이 붙은
이유는 식물의 뿌리 세포에 사는
균사체의 형태가 나뭇가지를
닮았기 때문이다.

수지상 균근균은
식물이 질소와 인을
더 많이 흡수하게
돕는다.

수지상 균근균은
식물에서 당분을
얻는다.

수지상 균근균은
토양의 응집력을
높인다.

수지상 균근균은
토양의 수분을
보존한다.

식물과 수지상 균근균의 제휴 관계

끝나 버리면 수지상 균근균 역시 고단해진다. 그래서 균사가 죽으면서 글로말린을 유산으로 남긴다. 이로써 선대의 유산을 잘 관리한 가문처럼 현재의 풍족한 상태를 오래오래 이어 가는 것이다.

그냥 두는 게 더 나을 때도 있는 법

자, 이제 우리의 관심을 뿌리에서 흙으로 다시 돌려 보자. 유기물과 글로말린이 풍부한 땅은 그렇지 않은 땅보다 효율적으로 수분을 흡수하고, 식물의 생장에 꼭 필요한 미량 영양소와 무기염이 씻겨 나가지 않도록 잘 붙들어 주며, 가뭄에도 콘크리트처럼 딱딱해지지 않고 부드러운 상태를 오래 유지한다. 이보다 뿌리에 유익한 환경이 또 있으랴. 정원사가 늘 신경 써서 살펴야 하는 특성을 모조리 갖추고 있다니!

믿기 어려운가? 화학적으로 입증해 보겠다. 아미노산과 탄수화물이 결합한 당단백질은 분자 하나하나의 구성 요소끼리는 물론이고 분자 전체와 땅속 무기물끼리도 '소수성 상호 작용'[*]을 하도록 돕는다. 그 결과 점토 입자와 미네랄 입자가 끈끈하게 결합한 유연한 조직이 탄생한다. 이때 흙 속의 다양한 입자들이 서로 잘 달라붙게 도와주는 접착제가 바로 글로말린이다.

화분이 부엌의 작업대라면 글로말린은 밀가루 반죽을 만들 때 넣는 달걀노른자와 같다. 밀가루에 달걀노른자를 넣고 저으면 흩어져 있던 마른 가루가 엉겨 붙으면서 흡습성이 뛰어난 부드러운 덩어리로 변신한다. 이런 반죽 같은 땅은 탄소가 많고

---

[*]   수용액 내에서 극성인 물 분자와 비극성인 다른 분자가 결합하려는 상호 작용.

수분 저장력도 뛰어나다. 한마디로 비옥하다. 그러니 별도로 보살필 필요도 없다. 또 미량 영양소가 쉽게 씻겨 나가지 않으니 화학 비료를 적게 써도 된다.

죽은 균류가 유산으로 남긴 글로말린은 땅속에 흩어져 무기물 입자에 달라붙는다. 그 덕분에 무기물 입자들이 말라도 토양은 점토처럼 부드럽고 차진 상태를 유지한다. 또 입자들이 서로 결합하면서 모래를 함유한 흙처럼 단단하게 압축되는 덕분에 물에 잘 씻겨 나가지 않는다. 따라서 글로말린이 많은 땅은 견고하고 침식에 안전하면서도 구멍이 넉넉해서 습기와 공기가 저 안쪽까지 들어갈 수 있고, 부드러워서 식물의 뿌리가 마음껏 움직일 수 있다. 굳이 인간이 기계를 동원해 애써 땅을 파고 갈고 엎을 필요가 없다.

글로말린 함량이 높은 땅은 비료를 많이 쓰지 않아도 식물에 질소를 공급할 수 있다. 당단백질의 아미노산과 결합한 질소 가운데 일부가 아주 서서히 방출되면서 뿌리를 통해 식물에 흡수되기 때문이다. 또 글로말린이 수분 증발을 막아 습기를 보존해 주므로 흙 속의 수분 함량이 늘 안정적으로 유지된다. 특정 종류의 토탄이 마르는 속도와 비교해 보면 얼마나 효율적인지 단박에 알 수 있다. '저비용 고효율'이라는 말은 글로말린이 많은 땅을 위해 준비된 표현이 아닐까 싶을 정도다.

이렇게 하나하나 따져 보니 정원에 글로말린 함량을 높이는 것만큼 경제적인 방법은 없을 것 같다. 그러려면 어떻게 해야 할까?

우선 수지상 균근균과 식물의 밀접한 관계를 생각해 볼 때 두 가지 과정이 결합해야 글로말린이 증가한다는 것을 알 수 있다. 첫 과정은 균사가 많이 생기는 것이고, 그다음은 녀석들이 천천히 분해되는 것이다. 그런데 이 두 과정은 땅을 얼마나 집약적으로 이용하느냐에 따라 차이가 크다. 다시 말해 토양의 생태계와 경작 여부에 따라 글로말린의 양이 매우 민감하게 변한다. 사막이나 그와 비슷한 지역의 땅은 글로말린 함량이 매우 낮지만, 숲이나 방목장으로 오래 활용한 초지에서는 눈에 띄게 많은 양이 검출된다. 반대로 집약적으로 농사를 짓는 땅에는 글로말린이 극도로 적게 들어 있다. 그런데 그 땅에서 쟁기질, 호미질, 써레질을 멈추면 글로말린 양이 서서히 늘어난다. 1~2년 키워 수확한 다음 다시 씨를 뿌리는 식으로 땅을 괴롭히지 않으면서 오랫동안 여러해살이 식물들에 맡겨 두면 절로 땅이 비옥해지는 것이다. 단, 십자화과^{Cruciferae*} 식물처럼 수지상 균근균이 정말로 적게 사는 몇 가지 식물 종은 효과가 없다.

학자들이 몇 해에 걸쳐 비교해 보았더니 쟁기와 보습이 전혀

---

*   쌍떡잎식물 양귀비목의 한 과. 네 개의 꽃받침 조각과 네 개의 꽃잎이 십자 모양을 이룬다. 전 세계에 3,200여 종이 분포하며 무, 배추, 냉이, 꽃다지 등이 있다.

닿지 않은 정원에서는 차츰 글로말린이 늘어났는데, 15년쯤 지나자 그 양이 두 배나 되었다. 반대로 경작을 했더니 글로말린이 급속도로 줄어들어서 불과 1년 만에 3년 동안 쌓은 양이 사라져 버렸다. 토양의 질을 계속 유지하려면 글로말린이 사라진 만큼 화학 비료를 뿌려야 한다. 수지상 균근균이 자라지 못한 동안 균사의 밀도와 수가 줄어들었을 것이고, 그만큼 토양의 질도 나빠졌을 테니 말이다. 그러니 다른 방식으로 만든 유기물을 가져다 넣어 주는 수밖에 달리 방도가 없는 것이다.

풍부한 양의 글로말린은 토양의 품질만 높이는 것이 아니다. 대기의 탄소 순환에도 큰 도움을 준다. 식물이 광합성을 통해 대기 중 이산화탄소를 흡수해 당의 형태로 만든 다음 뿌리에 붙어 있는 균류에 넘겨주고 나면 그 이산화탄소는 토양으로 방출된다. 양으로만 따진다면 비옥한 토양에는 글로말린이 휴민산보다 네 배나 더 많이 들어 있다. 단위 체적당 중량은 최고 스물네 배 더 무거워서 이산화탄소를 훨씬 더 많이 저장할 수 있다. 글로말린에 저장된 탄소는 흙에 저장된 탄소의 약 27%에 해당한다. 휴민산이 저장한 탄소의 양은 글로말린의 3분의 1도 채 안 된다. 글로말린은 토양 부식질의 여러 성분 중 가장 많은 양을 차지하며, 이산화탄소를 땅속에 붙잡아 두는 중요한 저장고 중 하나다.

자, 앞으로는 정원에 나가 흙을 옮기고 부드럽게 일구느라 애쓰지 않고 잠시 게으름을 피우더라도 죄책감을 느끼지 말자. 그냥 아무것도 하지 말고 초지를 보존하거나 여러해살이 식물이 잘 자라게 내버려 두는 것이야말로 정원의 글로말린 함량을 높이는 최선의 길이다. 더불어 이산화탄소를 땅속에 저장해 둠으로써 지구 온난화 속도를 늦추는 데도 보탬이 될 테니, 게으름뱅이 정원사에게 이보다 완벽한 핑곗거리도 없을 것이다.

여름

비옥한 정원, 사라지는 습지

여덟 번째 산책

100여 년 전만 해도 정원에 새로운 식물을 심기 위해 모종을 옮겨 오는 일은 지금보다 훨씬 고단했다. 앵초*Primula* 묘목이나 장미 휘묻이 가지를 실은 운반용 팔레트는 무게가 상당했다. 흙을 가득 채운 점토 화분은 들어 옮기기에 이만저만 무거운 게 아니어서 그때부터 무게를 줄이는 데 갖가지 기술이 동원되었다. 판지나 플라스틱을 사용해 용기의 무게를 줄인 방법이 대표적인 사례다. 덕분에 몸은 덜 고달파졌지만, 애석하게도 지갑까지 가벼워진 것은 어쩔 도리가 없었다. 그런데 처음에는 가벼운 용기에 담긴 묘목을 집으로 가져오며 경제적인 부담만 느끼면 됐겠지만, 갈수록 자연에 입히는 손해도 함께 생각해야만 했다. 그래서 묘목의 무게를 더 줄여 자동차 기름 사용량도 줄이고, 비용과 고생도 줄이고, 환경도 너무 오염시키지 않으려는 노력이 계속되었다.

용기의 무게는 이미 줄일 만큼 줄였으므로 더 줄일 수 있는 것은 내용물뿐이었다. 더 가볍고 자연에 가까우며, 더 싸면서도 식물이 생명을 유지하도록 돕는 충전재를 찾아야 했다. 원예 산업의 본고장답게 그와 관련된 무역이 활발했던 영국과 네덜란드가 단연 앞장섰다. 각고의 노력 끝에 그들은 원하는 특징을 모두 갖추었을 뿐 아니라, 자연스러운 색깔과 미적 효과까지 겸비한 기가 막힌 물질을 발견했다. 바로 토탄이었다.

약 70년 전부터 원예가 폭발적으로 인기를 끌기 시작하면서 토탄은 관상용 식물을 운반하는 데 일대 혁명을 몰고 왔다. 토탄은 물을 흡수하고 영양소를 저장하는 능력이 탁월해서 유기물이 적은 토양의 강도와 상태를 개선하는 데 큰 도움을 준다. 그래서 지금도 화분은 물론이고 파종용이나 수송용 일반 배양토에 많이 사용되고 있다. 성분 표시에는 적혀 있지 않을 때가 많지만 전체 배양토의 30~70% 정도가 토탄이다.

토탄의 장점은 참으로 많다. 우선 매우 가볍고, 색깔은 비옥한 자연의 흙과 비슷하다. 또 쉽게 압축할 수 있으며, 무한정은 아니어도 최소한 식물을 거래하는 데 필요한 기간만큼은 수분을 유지할 수 있다. 흙에 섞어 두면 토양을 부드럽게 하고 한파로 인한 피해를 줄여 준다. 토탄 자체는 비옥하지 않지만, 나무의 부식층이나 퇴비처럼 중요한 물질을 저장했다가 서서히 방출하는 덕분에 영양가 있는 물질들이 빗물에 씻겨 나가지 않는다. 항상 그런 것은 아니지만 토탄의 pH 값은 산성일 때가 많아서 동백나무*Camellia*나 진달래속*Rhododendron* 식물을 키우기에 적합하다. 또 부드러워서 어린뿌리를 보호하고, 뿌리가 거침없이 쑥쑥 자랄 수 있게 돕는다. 심지어 손쉽게 대량으로 구할 수 있고 가격도 저렴하다.

이런 장점 덕분에 토탄이 널리 사용된 것은 말할 것도 없고, 식물 교역에 없어서는 안 될 중요한 자리를 차지하게 되었다. 영국에서는 8년 전에 이미 연간 손수레 2,400대 이상의 토탄이 개인 정원을 가꾸는 데 사용되었다.

이렇게 장점을 늘어놓고 보니 토탄은 정말 완벽한 물질로 느껴진다. 하지만 토탄을 마구 사용하는 것은 하나만 알고 둘은 모르는 처사다. 토탄의 진가는 가만히 내버려 두었을 때만 발휘되기 때문이다. 건드리지 말고 처음 형성된 그 자리에 그대로 두어야만 토탄의 진정한 혜택을 누릴 수 있다.

습지가 사라진다

토탄은 고인 물에서 산소와 접촉하지 못한 식물의 잔해가 자꾸 쌓여 생긴 결과물이다. 겉모습만 보면 토탄 습지는 해안이나 산악 지역에 자리 잡은 풀밭과 비슷하다. 배수가 잘 안 되는 땅에 습지가 생기고, 이곳에 고인 물은 썩어 가는 식물들이 공기와 접촉하지 못하도록 방해한다. 위쪽 식물이 자라는 속도가 아래쪽 찌꺼기가 분해되는 속도보다 빠르므로 시간이 갈수록 엄청난 양의 유기물이 쌓이게 된다. 때로는 그 깊이가 무려 2m에 달하기도 한다.

이런 현상을 바라보는 시선은 관점에 따라 두 가지로 갈린다. 한쪽은 정원을 가꾸는 사람의 관점이고 다른 쪽은 환경을 아끼는 사람의 관점이다. 전자는 유기물이 부족한 토양을 개선하고 화분의 무게를 줄일 수 있는 기가 막힌 물질이 습지에 대량으로 묻혀 있다고 말한다. 하지만 후자의 눈으로 보면 표면에서는 식물이 활발하게 광합성을 하고, 바닥에서는 식물성 유기물이 느릿느릿 분해되는 덕분에 토탄 습지는 방출하는 양보다 더 많은 이산화탄소를 흡수해 붙들어 두는 최고의 탄소 저장고다. 습지야말로 속도는 느리지만 정말로 탁월한 온실가스 조절 시스템인 것이다.

지구 표면의 약 3%가 토탄이 풍부한 토양이다. 유럽의 경우

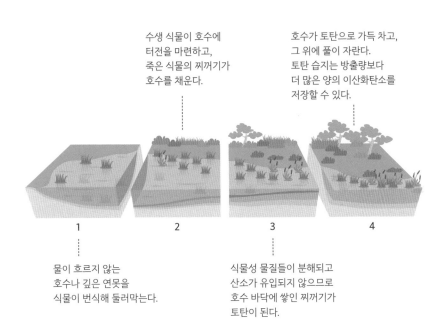

수생 식물이 호수에
터전을 마련하고,
죽은 식물의 찌꺼기가
호수를 채운다.

호수가 토탄으로 가득 차고,
그 위에 풀이 자란다.
토탄 습지는 방출량보다
더 많은 양의 이산화탄소를
저장할 수 있다.

1 2 3 4

물이 흐르지 않는
호수나 깊은 연못을
식물이 번식해 둘러막는다.

식물성 물질들이 분해되고
산소가 유입되지 않으므로
호수 바닥에 쌓인 찌꺼기가
토탄이 된다.

토탄 습지의 생성 과정

그 면적이 약 50만 km²에 달한다. '와, 엄청 넓은 걸!' 이렇게 생각할 수도 있겠지만, 설사 그렇다고 해도 절대 건드리지 말아야 한다. 특히 정원을 가꾸는 사람이라면 더더욱 조심해야 할 것이다. 이유가 뭘까? 앞에서 말한 3%의 토양에는 대기에서 가져온 이산화탄소의 3분의 1가량이 저장되어 있다. 5,500억 t이나 되는 엄청난 양이다. 습지 1ha가 저장하는 이산화탄소는 4ha의 숲이 저장하는 이산화탄소의 양과 맞먹는다. 만약 토탄을 실어 나르는 손수레가 늘어나면 어떻게 될지 생각해 보자. 영국 한 나라만 계산해 보아도 1년간 정원에 토탄을 뿌리느라 파헤친 습지에서 자동차 30만 대가 배출하는 것과 같은 양의 이산화탄소가 다시 대기 중으로 방출된다. 그뿐 아니라 토탄을 채굴하는 과정 자체가 환경에 해를 끼친다. 토탄을 끌어내기 위해서는 표면의 식물을 제거하고 습지를 파헤쳐야 한다. 따라서 토탄은 말할 것도 없고 토탄에 기대 살아가는 생물들의 생활권까지 파괴되는 데다 고인 물이 사라지면서 습지 역시 사라져 버린다.

설사 습지가 되살아난다고 해도 속도가 워낙 느린 탓에 이산화탄소를 다량 저장할 수 있는 환경을 회복하려면 너무나 오랜 세월이 필요하다. 면적 $1m^2$의 습지는 1년 동안 두께가 평균 1mm 정도 자란다. 그런데 연간 파헤쳐지는 두께가 25cm다. 유럽의 경우 전체 이산화탄소 발생량 가운에 약 75%가 인간이 손댄 습지에서 뿜어져 나온다고 한다. 경작지와 초지에서 발생하는 이산화탄소 비율이 2%인 것과 견주면 실로 어마어마한 양이다.

습지에서 토탄을 채굴할 때는 토탄 $1m^3$당 최고 50kg의 이산화탄소가 방출된다. 분해되다 말고 쌓여 있던 유기물 찌꺼기들이 산소와 접촉하면서 다시 분해 작용이 활발해지기 때문이다. 연료를 만들거나 원예 혹은 농경에 활용하는 토탄의 수요가 늘면서 습지 면적은 날로 줄어들고 있으며, 감소하는 속도도 점차 빨라지고 있다. 영국은 19세기 후반만 해도 습지 면적이 2만

7,000ha였는데, 지금은 겨우 9,000ha밖에 남지 않았다. 아일랜드는 30만 ha에서 2만 5,000ha로 줄었다. 습지에 살던 동식물의 생활 공간 역시 급속도로 줄고 있다.

습지는 열대 우림만큼 매혹적이지도, 산호초만큼 화려하지도, 우람한 산봉우리만큼 멋지지도 않기에 언론의 관심을 끌지 못한다. 환경 운동가들이 앞장서 사태를 알리려 노력하지만, 사람들은 여전히 무지막지하게 습지를 헤집는다. 그런데 그 이유란 것이 고작 자기 집 정원을 가꾸기 위해서라고 한다. 이제라도 토탄에 담긴 이산화탄소는 그대로 두고, 화분의 무게를 더 줄이고 토양을 개선할 또 다른 방법을 모색하는 것이 어떨까?

대체 물질은 이미 나와 있다. 많은 사람이 실천하기만 하면 된다. 나무껍질과 목재 산업의 부산물, 퇴비와 코이어^{coir*}의 혼합물, 인공 식물 숯인 바이오차^{biochar} 등이 토탄을 대신할 대표 선수들이다. 조금 더 까다롭게 토양을 관리하는 원예가들은 다시 70년 전으로 돌아가 품질 좋은 흙을 정원에 깔고 있다. 모래와 점토, 입자가 아주 고운 고령토를 같은 비율로 섞고 마른 잎을 갈아서 첨가한 흙이다.

하지만 안타깝게도 변화의 속도는 느리기만 하다. 영국 정부는 2010년까지 토탄 사용 비율이 90%까지 줄어들 것으로 예측

＊ 코코넛의 겉껍질로 만든 거친 섬유. 밧줄이나 바닥 깔개 등을 만들 때 쓴다.

했지만, 결과는 한참 미달이었다. 영국 내 습지 개발을 제한하자는 다양한 캠페인이 출범했음에도 시장의 수요는 여전했고, 업체들은 다른 나라로 눈길을 돌렸다. 현재 세계 최대 토탄 생산국은 캐나다로, 연간 100만 t이 넘는 토탄을 생산하고 있다.

기업들의 변화 속도가 느린 것이야 그리 놀랄 일도 아니지만, 취미로 정원을 가꾸는 사람들까지 혁신과 변화에 동참하지 않는 모습을 보면 그저 안타까울 따름이다. 환경 의식이 뛰어난 나라에서도 사고를 전환하기란 쉽지 않은 모양이다. 최근의 설문 조사 결과를 보면 덴마크의 정원사들 가운데 토탄 대신 지속 가능한 물질을 쓰겠다고 대답한 비율이 20%에 불과하다. 물론 정원보다는 연료를 만들거나 농경에 사용되는 토탄이 더 많기는 하다. 그러나 효율성 면에서 토탄에 전혀 뒤지지 않으면서도 훨씬 더 친환경적인 대안이 있는데도 굳이 습지 파괴에 계속 동참할 이유가 있을까? 한 번쯤 생각해 볼 문제다.

가을

Aurumn

가을

해도 되는 일과
해서는 안 되는 일

아홉 번째 산책

정원을 가꾸는 사람들은 정원과 자신을 동일시하는 오류에
쉽게 빠진다. 정원은 내 인격을 비추는 거울이요, 타인에게 보
여 주고 싶은 내 모습이다. 그런가 하면 우리 집을 방문한 손님
에게 제일 먼저 내미는 명함이요, 실내 장식의 확장이며, 사회
적 지위를 한눈에 보여 주는 신분의 상징이기도 하다. 그래서
경제학자들은 정원을 '지위 자산'으로 분류한다.

행동 연구가들이 정원 주인들을 대상으로 왜 그런 유형의 정원을 선택했는지 조사해 보았다. 그랬더니 정말로 집의 안과 밖은 별개가 아니었다. 정원은 실내 공간의 가치관을 외부로 전달하는 비서실 역할을 했다. 질서 정연하게 '잘 가꾼' 정원을 선호하는 사람들은 마음의 질서를 바라는 욕망도 강했다. 이런 사람들에게는 정원이 세상을 향해 활짝 열어젖힌 창문이 아니라 내부 모습을 짐작만 하게끔 살짝 열어둔 문과 같다. 반대로 사회적 규범 따위에 얽매이지 않고 식물들이 마음껏 자라도록 내버려 둔 정원의 주인은 사물을 이해하고 발견하고픈 욕망이 강한 유형이었다. 전자에 속하는 사람들이 후자의 정원을 본다면 "저게 무슨 정원이냐!" 하고 화를 낼 수도 있다. 자고로 정원이라면 한눈에 전체 구조가 척 들어오게끔 깔끔하게 정돈된 화원이어야 하지 않겠는가!

학자들은 이 현상을 성향의 차이로 해석한다. 하나는 전통적인 정원을 옹호하는 성향으로, 이들에게 정원이란 특정한 미학적 기준에 맞춰 식물을 관리하는 장소다. 이때 정원의 미학적 기준은 지역의 문화나 사회적 지위와 체면에 따라 결정된다. 이들은 정원에 무한정 물을 퍼붓고 아낌없이 비료를 뿌리며, 원하는 대로 미학적 성과를 거두기 위해 정기적으로 잡초를 뽑아 눈에 거슬리는 것을 제거한다. 그러자면 전문 지식도 어느 정도 필요하고, 시간도 많이 투자해야 할 것이다. 이 같은 정원은 생물학적으로는 무용하지만, 물질만능주의 세상에서 존재감을 과시하기에는 그만이다. 시간이 곧 돈인 세상에서 1년 내내 꽃이 피는 깔끔한 정원은 1년 내내 구릿빛으로 윤기가 도는 피부와 마찬가지로 돈 냄새를 풍긴다. 돈이 너무너무 많아서 회사에 틀어박혀 일할 필요가 없는 사람들만 누릴 수 있는 호사일 테니 말이다.

그 반대편에는 인위적인 개입을 거부하고 정원의 생태적 가치를 먼저 생각하는 비전통적 정원의 주인들이 자리하고 있다. 이들 중에는 자연 친화적인 정원을 가꾸는 자신의 행동이 인간의 잘못으로 말미암은 불행한 결과를 어느 정도 보상해 주리라 생각하는 사람들도 많다. 하지만 따지고 보면 이쪽 생각도 반대편 사람들과 크게 다르지 않다. 형식만 다를 뿐, 자기 영토의 경계선을 정하고 정원과 자신을 동일시하는 양상은 둘이 똑같다. 한쪽에서는 수익성이 좋거나 자랑거리가 될 만한 식물을 선별하고 원치 않는 손님은 가차 없이 제거해 버리며 물과 비료를 흥청망청 뿌려 원하는 결과를 얻으려 한다면, 반대쪽에서는 물과 비료를 최소한으로 사용하고 외래종은 배척하며 토종 식물만 심고 다양성에 열광한다. 전자는 농학을, 후자는 생태학을 지향한다는 것 정도만 다를 뿐이다.

인간이 개입한 결과가 으레 그렇듯이 원예 활동도 생태계에 많은 변화를 일으킨다. 원예는 식물과 동물은 물론이고 미생물의 수까지 달라지게 하며 물과 공기, 토양의 질, 나아가 생태 역학에까지 영향을 미친다. 환경이나 자연에 관해 이야기할 때 흔히 '생태계 서비스ecosystem services'라는 용어를 사용한다. 생태계의 구성 요소나 기능으로부터 인간 사회가 혜택을 받는 현상을 뜻하는 말이다. 자연은 그 존재만으로 우리에게 물과 공기를 공급하고, 자원을 순환시켜 재활용하며, 토양을 형성하고, 이산화탄소를 흡수하며, 기온을 조절하고, 생물학적 다양성을 유지한다. 이것이 바로 생태계가 우리에게 베푸는 서비스다. 그런데 우리가 자연의 혜택을 당연하게 여겨 자꾸만 도로를 건설하고, 공장을 짓고, 포도밭을 일구고, 벌목을 해서 동식물의 서식지를 오염시키거나 파괴한다면 당연히 생태계의 서비스도 줄어들거나 사라져 버릴 것이다.

자연에서 일어나는 모든 현상은 우리가 가꾸는 정원에도 똑같이 적용된다. 이를 입증하는 연구 결과도 많다. 다만 수치 자료 대다수가 전문가가 아닌 사람들에게는 암호처럼 느껴진다는 게 문제다. 많은 사람이 연구 결과를 제대로 이해하고 적용한다면 사유지나 공공녹지를 관리할 때, 해도 되는 일과 해서는 안 되는 일을 구분하는 확실한 지침이 될 것이다. 그래서 여기, 암호를 조금 해독해 보았다.

잔디는 정원의 필수 요소인가?

내가 물려받은 정원은 면적이 거의 5,000m²나 된다. 집주인마다 나름의 취향대로 정원을 가꾸는 이런 주택가에서는 가히 따라올 자가 없을 만큼 너른 땅이다. 이 동네에는 잔디를 열심히 깎아대는 정원사가 있는가 하면, 게으르기 짝이 없는 정원사도 있고, 정원이 숲 같다는 말에 활짝 웃는 사람이 있는가 하면, 아름다움을 포기하고 토마토 수확에만 골몰하는 농부형 정원사도 있다. 그러니 저 하늘에서 우리 동네를 내려다본다면 다양한 면적의 초록색 모자이크가 건물 사이사이에 끼어 있거나, 구불구불한 복도를 이루거나, 섬처럼 덩그러니 혼자 떨어져 있을 것이다. 이 정원들을 개별적으로 볼 때는 집 앞에 딸린 크고 작은 공간에 불과하겠지만, 흩어진 정원들을 전부 합치면 절대 무시할 수 없는 넓은 면적이 될 것이다.

그렇다면 우리 이웃들의 원예 스타일은 생태계에 어떤 영향을 미칠까? 이 문제에 관심을 기울이는 나라는 매우 적지만, 그래도 나라마다 사유지 정원이 얼마나 되는지 조사한 자료 정도는 있다. 서유럽에 자리한 벨기에의 개인 정원 면적을 다 합치면 국토 전체 면적의 8%나 된다고 한다. 상당히 높은 축에 속하는 이 수치는 벨기에라는 나라에 중소 도시가 많고, 농촌의 인구 밀도가 상대적으로 높으며, 노지가 많은 덕분에 나온 결과다. 하지만 원칙적으로 따져 보면 중부 유럽의 상황도 크게 다르지는 않을 것이다.

인구 밀도가 더 높은 나라를 살펴보더라도 영국의 경우 도시 면적의 약 25%가 사유지 정원이며, 스웨덴의 스톡홀름은 16%, 뉴질랜드의 더니든은 36%가 개인 정원이다. 서구 도시의 정원 면적 비율은 스톡홀름과 더니든의 중간쯤일 것으로 추정된다. 그런데 이 가운데 나무가 자라는 면적은 불과 10%밖에 안 되고, 나무 외에 다른 식물들이 자라는 비율도 30%에 그쳤다. 나머지 60%에 잔디가 깔려 있기 때문이다.

백분율만 보고는 상황의 심각성을 짐작하지 못하는 독자들을 위해 또 하나의 연구 결과를 살펴보겠다. 미국 땅 중 잔디로 덮인 면적은 800만~1,600만 ha이다. 25년 뒤에는 80% 더 증가할 것으로 추정된다. 이 정도면 국토 전체 면적의 1~2%에 해당하는 수치다. 물론 이 수치는 미국 내 모든 도시의 잔디밭이나 잔디 운동장을 다 합친 결과이기는 하지만, 잔디가 미국에서 물을 가장 많이 먹어치우는 작물이라는 사실은 반박할 여지가 없다. 그러니 잔디 문제를 그저 정원사 개인의 일로만 치부할 수는 없을 것이다.

지난 몇십 년 동안의 조사 결과를 보면 더욱 반갑지 않은 추세가 보인다. 처음부터 환경을 해칠 의도로 정원을 가꾸는 사람은 없겠지만, 의도가 아무리 좋았다 해도 물과 화학 비료, 제초제를 과도하게 사용해 환경을 오염시킨 정도는 그냥 지나칠 수 없는 수준이다. 정원 주인들은 그저 자신의 취향에 따라 잔디를 선택했을 뿐이지만, 결과적으로 잔디는 단일 작물 재배에 버금가는 환경 피해를 유발하고 자원을 먹어치우고 있다. 단일 작물 얘기가 나왔으니 하는 말이지만 프랑스의 파리 도심과 근교의 잔디밭 중 85%는 호밀풀 한 가지 종이다.

그나마 서양의 대표 원예 국가에서는 잔디의 확장세가 줄었다. 유구한 원예 역사를 자랑하는 나라답게 영국은 오랫동안 도시 정원의 평균 면적이 200m²가 넘었었는데, 최근 100m² 이하로 줄어들었다. 부동산업자들이 잔디보다 콘크리트를 좋아해서 그렇기도 하지만, 집주인들의 태도 변화도 그 못지않게 큰 원인으로 작용했다. 한 보고서를 보면 지난 10년 동안 런던 한 곳에서만 콘크리트로 덮어 버린 정원의 수가 세 배나 늘었다고 한다. 전체 가구의 4분의 1가량이 정원을 주차장으로 용도 변경했기 때문이다.

그런데 이 같은 변화의 바람은 단순히 보기에 아름답지 않은 정도에서 그치지 않고 또 다른 방식으로 재앙을 불러온다. 영국 북부의 도시 리즈에서는 1974년에서 2004년 사이에 정원의 콘크리트 포장이 눈에 띄게 늘었고, 그로 인해 물을 흡수해 머금었다가 천천히 배수할 땅이 줄어들어 홍수 위험이 13%나 상승했다고 한다. 정원이나 녹지처럼 빗물이 스며들 수 있는 면적이

20%만 줄어도 비가 내리는 동안 포장도로를 타고 흘러가는 물의 양은 두 배 증가한다.

　이런 현상의 주범으로는 늘어나는 주차장 수요를 제일 먼저 꼽을 수 있다. 더불어 DIY 콘셉트의 유행을 부추기는 셀프 인테리어 방송 프로그램의 광고 효과도 무시할 수 없다. 원예 관련 전문 지식을 전달하기는커녕 건축 자재 홍보에만 열을 올리는 이런 프로그램들은 관리하기 편하다는 점을 내세우며 정원의 흙을 콘크리트로 덮고 테라스에는 지붕을 내달고 벽돌로 담을 쌓으라고 꼬드긴다. 잘 편집된 프로그램을 보고 있으면 혹하는 마음이 들기도 할 것이다. 그럴 때일수록 우리의 식물들이 진정으로 만족하지 못하는 정원에서는 우리도 만족을 느낄 수 없다는 사실을 상기했으면 좋겠다.

가을

정원을 건강하게 하는
다이어트

열 번째 산책

물은 정원을 관리하는 데 없어서는 안 될 중요한 자원인 동시에 관리하기 가장 성가신 자원이다. 식물은 물을 '항상' 그리고 '많이' 마신다. 정원 주인이라면 모름지기 물 주기에 늘 신경을 써야 한다. 안 그래도 시간이 부족한 현대인의 처지에서 보자면 정원에 물 다이어트가 필요하지 않을까 싶다. 하지만 세계 각지에서 수집한 자료들을 보면 어느 나라에서나 정원 주인들은 수도 요금을 더 내면서까지 정원에 물을 퍼부어대고 있다. 심지어 정원에 쏟아붓는 물의 양이 농사에 사용되는 양에 조금도 뒤처지지 않는다고 한다.

오스트레일리아에서는 여름에 식수의 60%가량을 잔디밭에 뿌린다. 오스트레일리아의 기후에 맞지 않는데도 예쁘다는 이유만으로 정원사에게 선택받은 잔디는 인간의 도움이 없으면 살아남을 수 없다. 미국의 상황도 크게 다르지 않아서 기후대나 집주인의 계층에 따라 식수의 40~70%를 잔디에 준다. 스페인에서도 잔디밭에 주는 식수의 비율이 40% 정도 되며 한여름에는 무려 70%에 달하기도 한다. 도시의 모든 집 정원이 매일 평균 1,000ℓ의 물을 들이켜고 있는 셈이다.

이런 수치는 경제적 관점에서도, 생태적 관점에서도 무시할 수 없는 의미를 지닌다. 정원에 뿌리는 물은 모두 자연의 순환 과정에서 가로채 와서 관리하고 정수한 것이기 때문이다. 목마른 식물을 위해 물을 주는 것은 당연한 일이다. 사디스트가 아니라면 식물을 심기만 하고 물은 안 줘서 말려 죽이기를 즐기지는 않을 것이다. 그런데 지금까지 발표된 모든 연구 결과가 하나같이 입을 모아 지적하는 것이 있으니, 바로 정원에 주는 물의 양이 과도하다는 사실이다.

연구 자료를 보면 평균 과용 비율이 150%를 넘는다. 지중해성 기후대에 속하는 스페인의 경우 다른 온대 기후대 나라들과 비슷했는데, 정원 주인의 60% 이상이 필요한 양보다 훨씬 더 많은 물을 뿌린다고 한다. 심지어 실제 필요량의 세 배 가까이 물을 소비한 도시도 있었다. 과용 비율은 정원 면적과 반비례하고 (정원이 작을수록 주인 마음대로 물을 듬뿍 주는 경향이 있다), 정원 주인의 경제적 수준과 정비례했다. 정원을 최상의 상태로 가꾼 정원사는 평균보다 약 30% 더 많은 물을 뿌린 것으로 확인되었다.

환경 부담 문제를 거론할 때 정원과 경작지의 차이를 놓치기 쉬운데, 이를 강조하는 뜻에서 또 하나의 비교 자료를 소개한다. 개인 정원에서 사용하는 물의 양은 사료로 쓰기 위해 재배하는 자주개자리*Medicago sativa*와 옥수수 경작지에 들어가는 양의 거의 두 배에 이른다. 경작지에는 관개 시설이 잘 갖추어져 있고, 농부들은 경작 비용과 판매 수익을 따지므로 절대 물을 낭비하지 않는다. 정원을 가꾸는 개인들도 이를 본받는다면 경제적으로도 생태적으로도 득이 될 것이다. 무엇보다 안 그래도 바쁜데 정원에 물을 주느라 소비하는 시간을 훨씬 아낄 수 있을 것이다.

필요한 만큼만 주자

'토양과 수면에서 증발하는 물과 식물을 통해 증산되는 물의 양을 합한 총량'을 한마디로 뭐라고 부를까? 정답은 '증발산량'

이다. 물을 낭비하지 않고 정원을 가꾸고 싶다면 이 단어를 꼭 알아 둘 필요가 있다.

식물이 물을 많이 마시는 이유는 땀을 흘리기 위해서다. 식물은 마신 물을 대부분 다시 몸 밖으로 내보낸다. 좀 황당하게 들리겠지만 식물이 자기 몸에서 활용하는 물의 양은 뿌리에서 빨아들인 물의 3%밖에 안 된다. 90% 이상의 물은 잎에 있는 특수한 증산 장치를 통해 밖으로 배출된다. 그렇게 식물이 머리 위로 수증기를 뿜어낼 때 줄기에서는 일종의 흡입력이 발생해 땅에서 끌어당긴 물을 중력을 거슬러 높이 수송할 수 있다. 이 같은 증산 작용으로 배출되는 물의 양에 정상적인 토양의 증발량을 더하면 더도 덜도 없이 딱 맞는 물의 양을 계산할 수 있다.

하지만 세상만사가 그렇듯 식물의 활동도 인간의 이론대로만 돌아가지는 않는다. 잔디 종류마다 정확한 증발산량을 쭉 적어 놓은 보편타당한 도표가 있다면 얼마나 좋을까? 그러면 물을 한 방울도 낭비하지 않고 잔디를 잘 키울 수 있을 텐데……. 애석하게도 증발산량은 식물의 종류와 그것이 자라는 장소에 따라 달라진다. 그래서 기온과 습도, 풍속의 변화, 햇볕의 양, 토양의 물 저장 능력에 따라 차이가 심하다. 특히 바람의 경우 가벼운 산들바람만 불어도 곧바로 증발산량이 50%나 늘어난다.

예를 들어 살펴보자. 커다란 참나무^{Quercus} 한 그루가 1년 동안 증산 작용으로 배출하는 물의 양은 거의 1만 5,000ℓ에 이르지만, 이탈리아 포강 유역 평원에서 10cm 키로 자라는 벼과 Gramineae의 잔디가 여름에 뿜어내는 증발산량은 면적 $1m^2$당 4~6ℓ 정도다. 모든 식물 종은 자기가 가장 잘 적응했던 장소의 환경에 맞추어 나름의 기준을 정한다. 자연에서는 이런 기준이 각 지역의 환경 요인에 따라 절로 조절된다. 가령 강수량이 적은 지역에서는 물을 많이 먹지 않는 종이 번성하는 식이다. 하지만 정원은 주인의 욕심에 따라 조성된 땅이므로 영국의 잔디를 스페인의 고원에 갖다 심는 일이 허다하다. 당연히 정원 주인은 영국산 잔디의 갈증을 해소해 주기 위해 부지런히 물을 줘야 한다. 이와 반대로 유기 거름을 많이 주고, 괭이질과 삽질을 멈추고, 환경 조건에 잘 맞는 토종 식물만 심는 등 지속 가능한 접근 방식을 택한다면 정원에 필요한 물의 양이 급감해 최고 95%까지 줄일 수 있다는 연구 결과가 있다.

정원을 가꾸는 사람들을 대상으로 조사해 보니 물을 과도하게 소비하는 원인은 대부분 필요한 물의 양을 잘못 가늠한 탓이었다. 정원 주인들은 잔디가 목이 마른지 아닌지를 어떻게 판단했을까? 간단하다. 그냥 눈으로 보고 감으로 자꾸만 물을 주었다. 그러니 잔디는 목이 마르지 않아도 물세례를 당하고, 물은 자꾸 낭비될 수밖에 없는 것이다. 이런 악순환을 끊을 방법이 없을까? 각 지역의 강수량 통계치를 고려한 자동 관개 시설을 설치하는 것이 가장 효율적인 해결 방안이지 싶다. 실험해 보

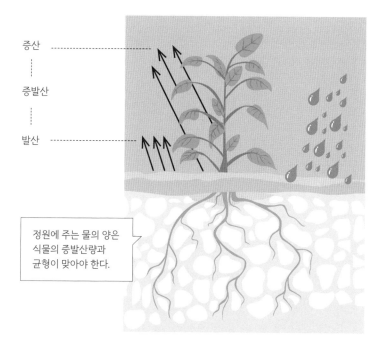

증산

증발산

발산

정원에 주는 물의 양은
식물의 증발산량과
균형이 맞아야 한다.

증발산 현상

니 자동 관개 시설만 설치해도 최고 40%까지 물을 아낄 수 있었
고, 심미적으로도 시설의 모양새가 그리 나쁘지 않았다. 하지만
아무리 전자동 관개 시설을 설치해도 정원 주인이 물 주는 양을
제 마음대로 조절해 버리면 오히려 정반대의 결과가 나와서 낭
비량이 50%나 늘었다. 그러니 정원을 가꾸는 사람들도 과학과
기술을 포용할 줄 알아야 할 것이고, 기술의 장점을 실제 환경
에 맞게 유연하게 활용할 줄 알아야 할 것이다.

뿌리가 좋아하는 것을 주자

식물의 키는 얼마나 클까? 우리에게는 눈에 보이는 것이 전부라서 대개 복숭아나무 *Prunus persica*는 3m 정도이고 제라늄 *Pelargonium*은 30cm 정도라고 생각할 것이다. 이는 자를 땅에 대고 거기서부터 식물의 제일 꼭대기 지점까지를 잰 수치다. 하지만 식물은 햇빛이 비치는 곳뿐 아니라 땅속 세상에서도 자라는 생명체다.

벼과 식물은 원래 야생 풀밭에서 자랐지만, 인간이 데려다 정원의 잔디로 쓰면서 자주 밟거나 깎아도 아랑곳하지 않고 두툼한 양탄자를 만들 줄 알게 되었다. 녀석들의 뿌리가 얼마나 길게 자라는지 알면 깜짝 놀랄 것이다. 땅 위로 솟은 부분은 10cm 남짓인데, 땅속으로는 3m 넘게 뿌리가 뻗어 있는 경우도 드물지 않다. 이렇듯 밖으로 나온 식물의 제일 꼭대기에서부터 뿌리의 제일 끝부분까지 다 재면 우리의 상상을 초월하는 수치가 나온다. 땅속 깊이 뻗어 나간 뿌리는 잔디가 환경에 적응하는 데 꼭 필요한 장치였고, 그 덕분에 녀석은 짧게 자란 초록 잔디밭을 원하는 정원사들 마음에 쏙 드는 식물이 되었다.

땅속으로 길게 뻗은 뿌리는 잔디깎이 기계의 칼날이나 소의 송곳니(식물의 처지에서는 칼날과 송곳니가 별 차이가 없다)가 닿지 못하는 먼 곳에다 전분의 형태로 에너지를 저장할 수 있다. 또 규칙

식물의 키를 제대로 재려면
땅 밑 뿌리의 길이도 포함해야 할 것이다.

적으로 물을 듬뿍 흡수해서 담아둘 수 있다. 이상적인 서식지라면 이 식물은 비가 흠뻑 내릴 때마다 뿌리를 길게 뻗어 땅속 깊이 스며든 빗물까지 다 빨아들인다. 깊게 뻗어 내린 뿌리는 가뭄에도 생존을 보장해 준다. 표면 흙은 말랐어도 1m 이상 내려가면 아직 수분이 남아 있기 때문이다. 그러니 우리도 비를 흉내 내서 '가끔' 그리고 '흠뻑' 물을 주는 방식으로 녀석의 태도를 적극 지지해야 할 것이다. 그러면 물을 자주 줄 필요가 없고 증발로 물을 빼앗길 염려도 없다.

하늘에서 내린 비나 우리가 호스로 뿌려 준 물은 어떻게 될까? 그 과정을 추적해 보면 물을 자주 주는 우리의 행동이 잘못된 이유를 알 수 있다. 우리가 호스로 준 물은 토양의 층을 하나씩 내려간다. 하나의 층이 완전히 푹 젖어서 더는 수분을 흡수할 수 없을 때 그 아래층으로 스며드는 것이다. 따라서 물의 이동 속도는 토양의 밀도에 따라 달라진다. 가장 느린 것이 점토층이고, 가장 빠른 것은 모래층이며, 유기물의 비율이 높은 토양은 그 중간이다.

뿌리는 끝부분과 그곳에 자리 잡은 엄청나게 많은 뿌리털로만 수분을 흡수한다. 만약 잔디에 필요한 물의 절반, 그러니까 증발산량의 50% 정도만 물을 준다면 땅이 표면에서 겨우 몇 센티미터 아래까지만 젖는다. 그러면 흡수 임무를 맡은 뿌리 끝부분이 물을 만나지 못한다. 결국 그 물은 모조리 그냥 증발하고 만다. 그래서 조금씩 자주 물을 주면 뿌리가 깊이 내려가지 않고 수평으로 뻗어서 땅에서 몇 센티미터 깊이밖에는 자라지 않는다. 그곳에서 물을 만날 확률이 가장 높기 때문이다. 그러나 같은 땅이라도 가끔 흠뻑 물을 주면 뿌리가 깊이 뻗어 내려간다. 후자는 자연의 스텝 기후*나 산상 초지에서 가장 많이 볼 수 있는 식물의 행동 방식으로, 가뭄이 길어져도 살아남을 수 있다. 반대로 전자의 경우 전적으로 환경 조건에 생존이 좌우된다. 즉, 인간이 물을 주지 않으면 뿌리는 물을 만나지 못하고 식물은 금방 말라 죽고 만다. 그야말로 악순환이 시작되는 것이다. 조금씩 자주 물을 주다 보면 정말로 매일 물을 줘야 하는 사태가 발생하고, 당연히 물도 많이 낭비된다.

김의털속Festuca 잔디를 예로 들어 살펴보자. 이 잔디에 일주일에 세 번씩 필요 이상으로 물을 주면 녀석은 힘차게 성장해도 괜찮겠다고 생각해서 왕성하게 싹을 틔운다. 하지만 그 못지않게 증발산량도 늘어나서 일주일에 한 번 넉넉하게 물을 준 친구보다 훨씬 더 많은 물을 밖으로 내보낸다. 녀석들이 줄기를 성장시키기보다 새로운 뿌리를 만드는 데 더 많은 자원을 투입하기 때문이다. 그 결과 추가로 돋아나는 잎과 얕은 뿌리를 유지

---

* 러시아와 아시아의 중위도에 있는 스텝 지역에 나타나는 기후로, 사막보다는 다소 강우가 있어서 덜 건조하다. 건조한 계절에는 불모지, 강우 계절에는 푸른 들로 변한다.

조금씩 자주 물을 주면 물이 더 많이 낭비된다.

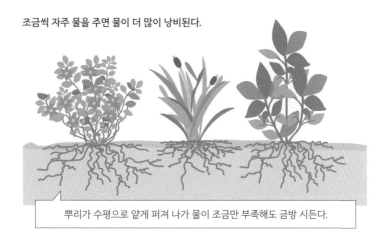

뿌리가 수평으로 얕게 퍼져 나가 물이 조금만 부족해도 금방 시든다.

가끔 흠뻑 물을 주면 물을 아낄 수 있다.

뿌리가 땅속 깊이 파고들어 토양 아래층에 남은 물까지 흡수할 수 있다.

물 주기 습관이 식물의 성장에 미치는 영향

하자면 더 자주 물을 줘야 하고, 녀석의 목숨은 더욱더 주인의 손에 좌지우지된다. 반대로 물을 가끔 흠뻑 준 잔디는 건강한 방식으로 쉽게 영양을 섭취해 튼튼하게 잘 자란다.

식물은 복잡한 생명체인 만큼 적응력도 뛰어나다. 시간과 돈을 낭비하기 싫다면 녀석들과 더 친해지기를 권한다.

정원에도 다이어트가 필요하다

할아버지가 정원을 돌보시던 시절에는 온 가족이 그곳에서 키운 과일과 채소를 먹었다. 장을 보러 가지 않아도 되니 좋았고, 정원을 어슬렁거리다가 토마토나 상추 꼭지를 똑 따서 물에 얼른 씻어 맛나게 먹을 수 있어서 좋았다. 그러던 어느 날 누군가 정원 헛간에서 농업용 달팽이 방지제를 발견하면서 온 가족이 충격에 빠졌다. 사용 허가를 받아야만 살 수 있는 농약을 할아버지가 몰래 구매하신 것이었다. 더구나 할아버지는 그 농약을 아무 대책 없이 일주일에 세 번이나 뿌리면서도 태연하게 말씀하셨다. "효과가 그만이야."

이런 농약은 정해진 용량을 반드시 지켜 사용해야만 해가 없다. 하지만 할아버지는 사용법을 전혀 모르셨다. 통계를 살펴보면 요즘도 우리 할아버지처럼 '식물 영양 보조제'를 부주의하게 자주 사용하는 정원 주인이 드물지 않은 것 같다. 서유럽에서 정원을 가꾸는 사람 60% 정도가 자기 집 잔디를 '단시간에 무성하게 키우고 싶어서' 이런 약품을 사용한다고 하니 말이다. 물이 그러하듯 농약이나 영양제도 정해진 분량과 횟수를 지키지 않는 데서 문제가 발생한다. 그런데 위의 통계 수치만으로는 농약을 얼마나 많이, 얼마나 자주 사용하는지 알 수가 없으므로 무턱대고 잘못했다고만 할 수도 없다.

자연적이건 인공적이건 잡초와 해충의 피해를 예방하거나 토양의 품질을 개선하기 위해 제조된 화학 물질이 무조건 나쁘기만 한 것은 아니다. 다시 한번 말하지만, 문제는 사용량과 빈도에 있다. 그런데 사용법을 지키고도 자연에 해를 입히게 되는 경우도 있다. 직간접 광고에서 말하는 내용과 달리 권장 사용량과 빈도가 식물에 꼭 필요한 양과 일치하는 경우가 극히 드물기 때문이다. 실제로 이로 말미암은 환경 부담은 무시할 수 없는 수준이다.

프랑스의 경우 센강의 유명한 지류인 마른강 유역 전체에서 공유지 및 사유지의 하천과 토양에 남은 제초제의 양을 측정한 적이 있다. 사유지와 공유지 정원과 농경지를 비교해 본 결과 예상대로 농경지에서 사용한 제초제 양이 정원에서 사용한 양보다 훨씬 많았다. 그런데 놀랍게도 물을 오염시키는 정도는 농경지와 정원이 똑같았다. 원인은 농경지에서 사용한 농약이 그

자리에 오래 남아 있기 때문이었다. 농경지에서는 토양에서 물에 씻겨 내려가는 양도 적지만, 하천으로 쓸려 나가기 전에 대부분 생물학적으로 분해되었다. 하지만 농경지와 달리 도심의 정원이나 공원에서 제초제를 뿌리면 대부분 흡수력이 없는 흙 속의 물질에 묻어 있다가 호스로 물을 뿌리거나 비가 내릴 때 쉽게 씻겨 내려간다. 결국 제초제는 하천으로 흘러 들어가는데, 심할 경우 그 농도가 식수에 허용된 기준치의 최고 스무 배에 달하기도 한다.

싱그러운 초록 정원을 가꾸느라 뿌린 화학 비료도 짚고 넘어갈 문제다. 여러 연구 결과를 보면 농경지보다 정원에 뿌리는 질소의 양이 더 많고, 정원의 대기 중 산화질소 배출량은 초지보다 열 배 더 많다. 부지런하고 통 큰 정원 주인들이 농경지에 맞춘 권장 사용량보다 더 많은 비료를 마음껏 뿌리는 일도 이런 결과를 초래하는 데 한몫했을 것이다. 우리 할아버지가 달팽이 방지제를 마음대로 사용했을 때처럼 말이다.

벨기에령 플랑드르 지역에서 조사한 결과를 보면 경작지보다 개인 소유의 정원에서 더 많은 인이 검출됐는데, 유기물 함량은 오히려 더 적었다. 그리고 정원 주인들이 뿌리는 질소의 양은 전문가들이 밀밭에 권장하는 양보다 연간 다섯 배나 더 많았다. 이 수치를 벨기에의 사유지 전체 면적과 곱해 보면 문제가 더욱 구체적으로 와닿는다. 벨기에의 모든 정원 주인들이 비료를 필요한 만큼만 적당히 쓰고, 잔디를 깎은 다음 몽땅 치우는 대신 일부를 잔디밭에 그대로 두면 질소를 연간 2,600만 kg이나 절약할 수 있다. 과도하게 뿌린 질소는 대수층[*]에 문제를 일으킨다. 뿌리가 흡수하지 못한 질소가 대수층과 배수로를 통해 하천으로 흘러가고, 결국 바다에 이르기 때문이다.

정원을 가꾸는 과정에서 발생한 환경 오염 역시 '문명의 질병'이라 할 수 있다. 여러 연구 자료를 보면 적어도 중부 유럽과 같은 문화와 지리적 상황에서 개인이 가꾸는 정원은 환경을 이롭게 하기보다 부작용을 더 많이 일으킨다. 제초제만 봐도 알 수 있듯 정원에 뿌린 물질은 자연에서보다 더 빨리 씻겨 내려가 하천으로 흘러든다. 질소도 마찬가지다.

여러 나라에서 과도한 관개 시설, 과도한 질소 살포 행위, 토양에 함유된 유기물의 성분 등을 모두 종합해 분석한 결과는 충격적이다. 숲 < 목초지 < 농지 < 과수원 < '정원' < 개발지의 순서로 환경 오염이 심하다고 하니 말이다. 정원을 환경 오염의 방패로 생각했을 정원 주인들이 실망하고 경악하는 소리가 여기까지 들리는 듯하다. 그렇다고 너무 자책하지는 말자. 원인을 알았으니 이제라도 실천하면 된다. 그동안 객관적 자료 따위는

---

*　지하수를 함유한 지층. 많은 양의 지하수를 보유하고 있으며 투수성이 좋아서 샘이나 우물을 개발하는 데 이용된다.

거들떠보지도 않은 채 멋대로 판단하고 강박적으로 소비했다면 지금부터 달라지도록 노력하자. 물이든 비료든 딱 필요한 만큼만! 정원에도 다이어트가 필요하다.

비 냄새

　날씨가 심상치 않게 변한다. 기분 좋은 흙냄새가 코를 간질인다. 어릴 적에 할아버지가 그랬듯이 습기 머금은 흙내가 대기를 가득 채우면 나도 얼른 헛간으로 가서 비가 오기를 기다린다. 비를 좋아하는 사람의 가슴을 뛰게 하며, 게으름 부리는 씨앗을 채근해 싹을 틔우게 하고, 꽃봉오리의 갈증을 해소하며, 가뭄을 끝내고 만물을 소생시키는 그 풍요의 냄새.

　그때처럼 지금도 비가 오는 날이면 초록 정원의 주인들을 기쁘게 하는 냄새들이 줄지어 밀려온다. 구름의 정전기가 최고조에 이르면 어디선가 번개가 치고, 번개는 대기 중 산소 분자들을 재결합해 오존으로 바꾼다. 일시적으로 농도가 짙어진 오존의 냄새가 제일 먼저 바람에 실려 오고, 뒤를 이어 떨어진 빗방울들이 툭, 툭, 흙을 뒤적여 그 속에 잠들어 있던 냄새를 서서히 퍼트린다. 이 일이 다 끝나갈 무렵 더 진하고 정교한 비 냄새가 퍼져 나간다.

　일반적으로 자연의 향기는 수백 가지 휘발성 물질이 결합해 만들어지지만, 젖은 흙의 냄새는 두 가지 주요 성분이 만들어 낸다. 하나는 2-메틸이소보르네올2-MIB이라는 유기물이고, 다른 하나는 구조가 아주 복잡한 지오스민geosmin이라는 분자다. 지오스민은 토양 속에서 유기물을 분해하는 스트렙토미세스streptomyces라는 박테리아와 민물에 사는 거의 모든 종류의 시아노박테리아cyanobacteria가 만든 작품이다. '남조류'라고도 부르는 시아노박테리아는 대부분 살짝 젖은 흙에 터를 잡지만 아스팔트, 바위, 벽돌, 도랑에도 텐트를 친다. 녀석들이 자리를 잡고 나서 무슨 짓을 하는지는 아직 정확히 모른다. 다만 이 미생물들이 지오스민을 만들고 그 대부분을 자기 세포에 보관한다는 사실은 몇십 년 전에 이미 알려졌다. 지오스민을 간직한 시아노박테리아들이 가뭄을 이기지 못하고 죽으면 녀석들은 주변 토양에 지오스민을 유산으로 남긴다. 지오스민은 휘발하지 않고 열에도 잘 견뎌서 땅속에 차곡차곡 쌓인다. 점토와 모래 입자에 착 달라붙은 지오스민은 평소에는 공중으로 떠오를 일이 없다. 하지만 막 떨어지기 시작한 빗방울들이 땅에 부딪히면서 흙을 두드리면 지오스민이 붕 떠서 공중으로 흩어진다.

그런데 비가 온다고 해서 매번 향기로운 흙냄새가 대기를 채우는 것은 아니다. 비가 들이치지 않는 헛간 안에 있으면 아무래도 흙냄새가 덜 나고, 계절에 따라서도 차이가 있다. 겨울과 봄에는 비가 와도 흙냄새가 전혀 나지 않고, 가을에는 냄새가 날 때도 있고 안 날 때도 있다. 흙냄새가 가장 짙은 때는 오랫동안 비가 오지 않고 더운 날씨가 이어지다가 단비가 내릴 때다. 이는 또 다른 미생물 스트렙토미세스의 활동과 연관 지어 설명할 수 있다. 녀석들이 부지런히 성장해 증식하고 지오스민을 생산한 다음 죽어서 흙 속에 유산을 남기려면 무엇보다 오랫동안 비가 내리지 않아야 하고 높은 기온이 유지되어야 한다. 여름은 이 같은 조건에 딱 들어맞는 계절이다. 또 구멍이 많은 토양이 적합하므로 시멘트로 덮인 곳보다는 부드럽게 파헤쳐진 땅에서 흙냄새가 더 많이 난다. 특히 점토질과 모래질 토양이 최고다.

그런가 하면 비가 오는 내내 흙냄새가 계속 나는 것도 아니다. 빗방울이 흙에 떨어지는 순간 작은 공기 방울이 생기는데, 이 공기 방울이 공중으로 떠오르다가 터지면서 지오스민이 섞인 미세한 에어로졸aerosol이 분사된다. 빗줄기가 약하고 가늘수록 에어로졸이 더 많이 퍼져 나가서 흙냄새도 더 진하다. 이와 달리 빗줄기가 너무 세면 공기 방울들이 물줄기를 거슬러 날아오르지 못한다. 더구나 고농도의 지오스민을 함유한 에어로졸은 처음 빗방울이 듣기 시작할 때만 잠시 날아오를 수 있다. 뒤이어 떨어지는 빗방울들이 차츰차츰 에어로졸을 때리면 지오스민이 더는 공기 중으로 떠오르지 못하고 처음처럼 휘발성이 없는 상태로 흙에 내려앉아 빗물에 씻겨 가 버리기 때문이다. 그래서 향기로운 흙냄새는 비가 내리기 시작했을 때 단 몇 분 동안만 즐길 수 있다.

젖은 흙냄새가 향기롭기는 하지만 그것이 비 냄새의 전부는 아니다. 흙냄새가 풍기고 나서 잠시 뒤에 훨씬 더 다채로운 비 냄새가 난다. 이

특유의 냄새를 페트리코petrichor라고 부르는데, 페트리코는 흙냄새뿐 아니라 휘발성이 강한 여러 물질이 복잡하게 뒤섞여서 나는 냄새다. 미생물뿐 아니라 식물도 비 냄새를 만드는 물질을 배출한다. 식물이 배출하는 테르펜terpene이라는 물질은 물에 녹자마자 약간의 온기만 있어도 바로 증발해 공기 중으로 흩어진다. 비 냄새에서 느껴지는 풀 내음이 바로 테르펜 향기다.

비 냄새를 만드는 모든 유기물 중에서도 인간을 포함한 여러 동물이 특히 예민하게 반응하는 물질은 단연 지오스민이다. 지오스민은 인간의 후각이 아주 잘 알아맞히는 물질 가운데 하나여서 대기 중 농도가 1ppb(1ppm의 1,000분의 1, 1ppm=1mg/ℓ) 이하여도 우리는 금방 그 냄새를 맡을 수 있다. 이해를 돕기 위해 비유를 든다면 빗방울 몇 개만 떨어져도 250만 ℓ 규격의 올림픽 전용 수영장을 흙냄새로 가득 채울 수 있다.

재미있는 사실은 똑같은 지오스민이라도 그 냄새가 어디서 나느냐에 따라 인간의 반응이 극명하게 달라진다는 것이다. 아늑한 통나무 오두막에 앉아서 비 오는 풍경을 감상할 때는 지오스민이 우리 마음을 추억으로 따뜻하게 감싸지만, 같은 냄새가 수도꼭지에서 흘러나온다면 다들 코를 막거나 이맛살을 찌푸릴 것이다. 어떤 사람들은 시아노박테리아를 거쳐 민물고기의 살에 쌓인 지오스민의 냄새나 채소를 먹은 뒤에 입가에 남는 흙냄새 역시 불쾌하게 느낀다. 이는 우리의 뇌가 수도꼭지나 민물고기에서 나는 지오스민 냄새를 경고 신호로 받아들이기 때문이다. 지오스민은 그 자체로는 해롭지 않은 물질이지만 박테리아와 떼려야 뗄 수 없는 관계를 맺고 있다. 따라서 우리 뇌는 지오스민 냄새가 풍기는 물이나 음식을 함부로 먹지 않도록 재빨리 방어 기능을 작동한다. 지오스민은 냄새의 화학 작용과 우리 뇌의 해독 능력이 두서너 마디의 성급한 말로는 설명할 수 없을 만큼 복잡하고 정교하다는 사실을 새삼 깨닫게 한다.

인간 외에도 수많은 유기체가 이 같은 주의력을 발휘한다. 초파리는 온갖 미생물이 우글거리는 썩어 가는 과일을 먹고 살면서도 지오스민의 기미가 느껴지면 화들짝 놀라서 식사를 중단한다. 그 냄새가 나는 곳에는 유해 균류가 있을 가능성이 크기 때문이다.

이와 반대로 지오스민 냄새를 생존 필수 조건으로 생각하는 유기체도 있다. 지오스민의 변종으로, 휘발성이 더 강한 데히드로지오스민dehydrogeosmin은 지오스민과 똑같이 흙냄새를 풍기지만 냄새의 진원지가 다르다. 레부티아속*Rebutia*, 김노칼리시움속*Gymnocalycium*, 도리코테레속*Dolichothele* 등의 관상용 선인장의 꽃향기가 바로 데히드로지오스민의 냄새다. 선인장은 이 향기로 곤충을 유인하는데, 사막에서 오아시스를 찾아 헤매던 곤충들이 이 냄새를 맡으면 물이 있는 줄 알고 달려온다. 하지만 안타깝게도 곤충들은 물 한 방울 얻어먹지 못하고 선인장의 가루받이만 돕는 꼴이 된다. 우리 정원의 젖은 땅에 사는 지렁

이와 아주 작은 육각류 톡토기들도 지오스민 냄새를 절대로 거역하지 못한다. 이 냄새가 녀석들에게는 가장 쾌적하고 영양분이 풍부한 곳으로 안내하는 길잡이인 까닭이다. "지오스민이 있는 곳에 담수가 있다." 뱀장어는 이 같은 신조에 따라 지오스민을 등대 삼아 이동한다. 망망대해에서 등대 불빛을 향해 가듯이 지오스민 냄새만 따라가면 하구에 닿을 수 있기 때문이다.

헛간 문틈으로 보이는 식물들이 빗물을 들이켜 갈증을 해소하는 동안 나는 물이 부족한 사막에 사는 낙타 같은 동물들을 떠올린다. 낙타는 인간보다 훨씬 예민하게 지오스민을 감지하는 정교한 코 덕분에 몇 킬로미터 떨어진 곳에서도 오아시스 냄새를 맡을 수 있다. 성능 좋은 센서를 지닌 대가로 낙타는 스트렙토미세스와 시아노박테리아를 돈 한 푼 안 받고 주둥이에 태워 멀리 떨어진 오아시스로 데려다준다. 그러니 어느 날 낙타가 우리 집 정원으로 불쑥 들어온다 해도 그것은 누구의 잘못도 아니다. 정원 호스에서 흘러나온 물이나 부드러운 가을비가 일으킨 친숙한 흙냄새 탓일 테니까.

가을

정원을 가꾸면 행복할까?

열한 번째 산책

　우리 할아버지는 그 세대 어르신들이 대개 그랬듯 퇴직하고 나서 처음 삽을 들었다. 처음부터 혼자 시작하기는 버거우셨던지 일단 공동 텃밭의 회원으로 가입하셨다. 나중에 보니 그런 공동 활동은 전통과 미신에 효율성과 과학이 뒤섞인 잡탕의 참 교육장이었다. 동네 술집이 정치 참여와 캠페인의 산실이라면 공동 텃밭은 지구촌 원예 활동의 원동력인 셈이다. 공동 텃밭에서 자신감을 키운 할아버지는 부모님의 정원을 맡아 관리하시다가 마침내 땅을 사서 독립하셨다. 그 땅이 바로 내가 물려받은 이 정원이다.

　할아버지가 공동 텃밭에 참여하는 것으로 정원 일을 시작하게 된 까닭은 그 세대가 공동체와의 협력을 중요하게 여겼기 때문이다. 오늘날 그런 가치는 많이 퇴색했지만, 공적 차원이나 보건 차원으로 볼 때 공동 텃밭은 지금도 다양한 활동의 도화선 역할을 톡톡히 하고 있다. 정원이나 텃밭은 개인은 물론이고 공동체의 몸과 마음을 건강하게 유지하는 데도 긍정적인 영향을 끼친다. 여러 연구 결과가 보여 주듯 규칙적으로 꽃을 가꾸고 채소를 키우는 사람은 대체로 정신이 건강하고 우울증에 걸릴 위험이 낮으며 신체 활동량이 많고 인간관계도 풍성하다. 이런 효과는 정원을 직접 가꾸지 않고 근처에 살기만 해도 어느 정도 누릴 수 있다.

　그런데 연구 결과를 좀 더 자세히 들여다보면 그저 정원의 주인이라고 해서 모두 똑같은 혜택을 누리는 것은 아님을 알 수 있다. 조사 결과 심리적인 면에서는 환경 의식이 투철한 쪽이 더 큰 득을 보는 것으로 드러났고, 그런 사람들이 나무를 많이 심으면 공동체에도 더 큰 이익이 돌아간다고 한다. 정원을 가꾸면 식물이 자라는 모습을 지켜볼 수 있고, 땀 흘리며 손수 땅을 일구고 몸을 움직여 머리를 비울 수 있다. 또 직접 계획을 짜고 자연 곁에서 많은 시간을 보내면서 이것저것 열심히 배울 수 있기에 이 모든 과정이 건강에 유익하게 작용한다. 당연히 잔디만 심어 놓은 단순한 정원보다는 온갖 식물이 각양각색 자태를 뽐내는 다채로운 정원이 신체 활동의 기회를 더 많이 제공할 것이고, 그만큼 더 많은 선물을 안겨 줄 것이다.

초록 도시가 행복 도시다

내가 몸담은 학문 분과는 식물의 생리보다는 정원이 인간의 건강에 미치는 영향에 더 관심이 많다. 그래서 녹지가 많은 도시에 사는 행운아들이 어떤 이득을 보는지 등의 주제로 연구를 진행한다. 한 예로 2002년에서 2008년까지 10만 명 이상의 여성을 대상으로 그들의 병력과 거주 지역의 위성 사진을 비교해 보았다. 그 결과 식물이 많은 지역에 사는 사람들이 녹지가 없는 곳에 사는 사람들보다 사망률이 12% 더 낮았다. 특히 기도 질환에 걸릴 확률은 34%, 암에 걸릴 확률은 13% 더 낮았다.

몇몇 조사에서는 인체의 코르티솔cortisol* 분비량처럼 생리학적 상태를 알려 주는 요소들을 측정하기도 했다. 그랬더니 녹지에서 멀어질수록 코르티솔 수치가 높았다. 반대로 공원이나 정

---

*   스트레스 작용에 맞서 부신 겉질에서 분비되는 호르몬의 하나.

원, 가로수길 근처에서 시간을 많이 보내는 사람들은 혈중 코르티솔 농도가 훨씬 낮았다. 식물의 긍정적 효과를 이야기할 때 주로 심리적 안정이나 우울증 개선 효과 등을 많이 언급하는데, 이에 못지않게 깨끗한 공기처럼 물리적인 영향도 눈에 띄게 긍정적이었다.

물론 도시에 나무가 없다는 사실이 질병을 일으키는 직접적인 원인은 아니다. 하지만 더위가 병을 부르는 일은 종종 있다. 나무가 없고 콘크리트로 뒤덮인 도시에 햇볕이 내리쬐면 콘크리트가 열을 반사해 대기가 네 배 더 가열된다. 말 그대로 '열섬'이 형성되는 것이다. 도심의 평균 기온은 주변 지역과 비교해 1~3℃ 더 높다. 이를 근거로 세계 보건 기구는 2030년에는 무더위로 인한 사망자가 연간 10만 명에 이를 것이며, 제대로 대비하지 않으면 2050년에는 그 수치가 두 배로 오를 것으로 내다보았다.

이와 함께 숲의 면적이 점점 줄어들고 있는 현실도 부정적 도미노 효과를 일으키고 있다. 최근의 한 조사 결과에 따르면 미국의 200대 대도시에서 숲의 면적이 전년보다 2% 감소했다고 한다. 이는 도시에서 사라지는 나무가 연간 400만 그루에 이른다는 뜻이다. NASA에서 위성 사진을 이용해 연구한 결과 역시 도시와 시골의 경계 지역에서 삼림 면적이 줄어드는 현상과 기온 상승이 서로 연관 있다는 사실을 입증했다. 특히 한 도시의 포장 면적이 전체 면적의 35%를 넘으면 기온 상승 효과가 더 강해져서 기온이 수직 상승한다고 한다. 앞으로 도시 계획을 세울 때 꼭 참고해야 할 수치다.

나무의 역할은 그늘을 드리우는 것에 그치지 않는다. 식물의 증발산 현상은 주변 온도를 낮추는 데 큰 몫을 한다. 나뭇잎들이 증산 작용을 활발히 해서 물을 많이 뿜어내는 곳은 당연히 나무가 없는 곳보다 덜 덥다. 그리고 식물의 종류에 따라 증산 작용의 정도가 다른데, 잔디보다는 나무가 도시의 열기를 식히는 데 훨씬 도움이 된다. 또 식물이 있는 곳과의 거리도 중요하다. 연구 결과를 보면 열대에 가까운 지역에서 공원의 나무들은 최고 6℃까지 온도를 떨어뜨릴 수 있지만, 공원에서 300m만 멀어져도 증산 작용의 효과를 느낄 수 없다고 한다. 나무 그늘과 나뭇잎의 증산 작용으로 시원해진 공기가 열기를 내뿜는 포장 도로와 건물 위를 지나는 동안 도로 데워져 버리기 때문이다.

도시 환경을 위협하는 또 하나의 요인은 자동차 배기가스와 건물의 난방 시설 등에서 뿜어져 나오는 미세 먼지다. 미세 먼지는 'PM$_{2.5}$'라고 부르기도 하는데, 여기서 PM은 '입자상 물질'을 뜻하는 particulate matter의 약자로, PM$_{2.5}$는 입자의 크기가 2.5μm 이하인 초미세 먼지를 가리킨다.[*] 오늘날 미세 먼지는

---

[*] 입자의 크기가 10μm 이하인 것을 미세 먼지, 2.5μm 이하는 초미세 먼지로 분류한다.

기도 질환을 필두로 수많은 질병의 원인으로 지목되고 있다. 기특하게도 나무는 잎을 덮은 얇은 왁스층 안으로 먼지 입자를 빨아들인다. 그랬다가 수명을 다한 나뭇잎이 땅에 떨어지면 그 먼지들이 땅으로 흡수된다.

나무가 제거하는 먼지의 양은 나뭇잎의 수와 표면적, 나무 수관의 부피, 왁스층의 두께, 각 지역의 사정에 따라 다를 것이다. 그런데 온대 지역의 경우 추운 계절에는 나무들이 잎을 버리므로 하필 대기 오염이 제일 심한 겨울에 필터 역할을 하지 못한다. 지역에 따라 미세 먼지를 제거하는 데 적합한 나무가 따로 있다는 뜻이다.

실험 결과 빽빽하게 심은 단풍나무*Acer*, 느릅나무*Ulmus*, 사시나무*Populus*가 미세 먼지를 잘 거르는 것으로 입증됐다. 하지만 한 해 전체를 두고 보았을 때는 향나무*Juniperus*, 측백나무*Platycladus*, 소나무 같은 상록수들이 더 효과가 좋았다. 상록수의 잎은 표면적, 두께, 수명 모두 가장 우수했고, 왁스층도 두꺼워서 미세 먼지 흡착 효과가 뛰어났다. 반대로 벚나무와 층층나무*Cornus*, 구주물푸레나무*Fraxinus excelsior*, 비파나무*Eriobotrya* 같은 몇몇 나무들은 효과가 별로 좋지 않았다.

애석하게도 미세 먼지를 잘 거르는 상록수를 도심에서는 보기가 어렵다. 앞으로는 도심에 심을 나무를 선택할 때 미관보다 미세 먼지 제거 효과를 더 고려해야 하지 않을까? 나무마다 미세 먼지 제거 효과가 다른 만큼 적절한 종을 잘 섞어 심으면 미세 먼지를 최고 24%까지 흡수할 수 있다. 하지만 잘못 골라 심으면 아무리 잘해도 5%에 그친다. 현재 도시 나무들의 미세 먼지 흡수율은 평균 10% 수준이다. 이 정도로는 환경 오염이 심한 지역의 미세 먼지 농도를 허용 기준치인 25ppm 이내로 되돌릴 수 없다. 유럽 도심의 한겨울 미세 먼지 농도는 걸핏하면 40ppm이 넘는데, 골골거리는 도심의 나무들이 아무리 용을 써도 38ppm 정도까지 밖에는 떨어지지 않는다.

그런가 하면 나무에서 멀어질수록 증산 작용 효과가 떨어지듯이 미세 먼지 제거 효과도 감소한다. 나무 주변에서는 미세 먼지 수치가 도심 평균보다 낮지만, 나무에서 100m 멀어지면 도심 평균 수치로 되돌아간다.

이 같은 연구 결과는 정원이나 공원이 도심의 공기를 정화하기는 하지만 그것 하나만으로는 문제를 해결할 수 없다는 사실을 잘 보여 준다. 실제로 나무를 심는 것은 여러 가지 미세 먼지 저감 방안 중 하나에 불과하며, 근본적으로 문제를 해결하려면 모든 해결책을 총동원해야만 한다. 또 연구 결과에 따르면 나무와 비교할 때 작은 식물들은 이 방면에 별 도움이 안 된다. 유감스럽게도 우리가 발코니에 내놓은 화분이나 정성 들여 가꾸는 작은 화단은 미세 먼지 제거 효과가 정말로 미미하다. 그러니 좀 더 현실적인 미세 먼지 저감 정책을 세우려면 과학적 연구 결과를 잘 활용하는 것이 중요하다.

무슨 정책이든 경제적 관점도 도외시할 수 없다. 나무가 주는 경제적 효과를 알아보려면 I-Tree* 같은 소프트웨어를 활용하면 된다. 이 프로그램으로 미국 텍사스주 오스틴에 있는 나무들의 경제적 가치를 조사했더니 연간 1,900만 달러어치의 에너지 절감 효과, 1,700만 달러어치의 이산화탄소 흡수 및 배출 방지 효과, 300만 달러어치의 질병 예방 효과를 발휘하는 것으로 나타났다. 뉴욕처럼 더 복잡한 대도시에서도 나무는 연간 2,200만 달러의 비용을 들여 무려 1억 200만 달러의 경제적 이익을 내는 보물이다. 그래서 시카고, 토론토, 로스앤젤레스 같은 도시들이나 프랑스 등의 나라는 기존 사유지 정원을 함부로 없애지 못하도록 법으로 막고 있으며, 한 지역에 넓은 공원을 조성하기보다는 좁은 면적으로 여러 장소에 새로 나무를 심어서 그것들이 모자이크처럼 넓은 녹지를 형성하도록 독려하고 있다.

이렇게 손쉬운 방법으로 경제적 이익을 얻고 건강을 증진할 수 있다면 소규모 녹지를 여러 곳에 조성하는 정책을 적극적으로 추진해 볼 만하지 않을까? 예를 들면 신축 건물마다 주차장을 설치할 의무가 있듯 의무적으로 약간의 녹지를 조성하도록

---

* 나무가 제공하는 생태계 서비스를 수량화하고 평가하기 위해 미국 산림청에서 개발한 프로그램.

규정하는 것이다. 그렇게 조금씩 녹지를 늘리다 보면 어느새 초록 모자이크가 유기적으로 도시에 스며들어 경관의 일부로 자리 잡을 것이다.

안타깝게도 현대 도시에서 나무의 수는 자꾸 줄어드는 추세다. 사람들이 가지치기나 낙엽 치우기 같은 식물 관리를 귀찮아하기도 하거니와 다른 용도로 이용하느라 정원을 없애는 경향도 나무가 줄어드는 원인일 것이다. 정원이 많은 도시, 특히 키 2m가 넘고 정성껏 보살핌을 받는 나무가 많은 도시는 그 나무를 심고 키우는 사람뿐 아니라 공동체 전체가 더 큰 이득을 본다. 우리 할아버지가 협력을 중요하게 생각했던 이유도 아마 그 때문이었을 것이다.

지친 길손을 위한 생태학적 피신처

어느 화창한 날, 로마에 사는 앨리스한테서 전화가 왔다. 멀리 있다 보니 그녀는 내가 무슨 대단한 원예 전문가인 줄 안다. 이번에도 나에게 원예에 관한 조언을 구하려고 전화를 한 참이었다. 앨리스는 얼마 전에 이사한 집 발코니에 화분으로 쓸 만한 큰 통이 많아서 꽃을 심고 싶다고 했다. 하지만 아침 일찍 나가서 밤늦게 집에 들어오는 생활 패턴으로 짐작건대, 보나 마나 물을 줘야지 줘야지 하다가 자꾸 까먹을 것이고, 결국 다 말려 죽일 것이 뻔했다.

나는 문제를 얼른 간파하고 대안을 제시했다. 그 커다란 통에 흙을 가득 담아서 그냥 내버려 두고 어떻게 되나 지켜보라고 말이다. 아마도 바람이 이런저런 씨앗을 실어 올 것이고 찌르레기들도 한몫 거들 것이다. 그 식물이 무엇이건 계절에 맞추어 피었다 다시 시들 테고, 운이 좋으면 어느 날 아침에 뜻밖의 선물처럼 예쁜 꽃이 활짝 피어 눈을 즐겁게 할지도 모른다. 하지만 그렇게 화분을 '가꾸는' 방식이 다른 사람들 눈에는 이상하게 비칠 수도 있다. 그래서 혹시 친구들이 와서 보고 화분을 왜 이렇게 '방치'하느냐고 따져 물을 때를 대비해 몇 가지 핑곗거리도 마련해 주었다. 첫째, 돈과 에너지가 전혀 안 든다. 둘째, 제법 멋스럽다. 셋째, 다양한 토착 생물이 잠시 머물다 갈 피신처가 된다. 넷째, 자연의 진면목을 확인할 수 있고 자연 도태의 현장을 지켜볼 수 있는 훌륭한 자연 학습장이다. 이만하면 대부분 고개를 끄덕이지 않겠는가?

그래도 여전히 화분을 방치하는 것을 못마땅하게 여기는 사람들이 있을 수 있다. 원래 어떤 주장이든 과학적 증거가 뒷받침될 때 더 잘 먹히기도 하거니와 앨리스의 직업이 기자인 까닭에 당장 그녀부터 과학적 증거를 원했다. 나는 내 제안을 각종 연구 결과로 그럴싸하게 포장했다. 정원이 생물학적 다양성 측면에서는 불모지와 다름없다는 주장은 시대에 뒤떨어진 생각이다. 영국의 지방 소도시에서 흔히 볼 수 있는 평균적인 정원에 30년 정도 세월이 흐르면 지금껏 알려진 영국 곤충 종의 약 4분의 1이 둥지를 틀게 된다. 실제로 그런 평범한 정원들을 조사해 봤더니 15종의 곤충이 발견되었고, 그전까지 영국에 알려지지 않았던 종도 나왔으며, 심지어 전 세계적으로 처음 발견된 종도 무려 4종이나 되었다. 더 나아가 어떤 연구자들은 영국에 있는 정원을 다 합치면 영국에서 가장 넓은 자연 보호 구역이 될 것이라고 주장하기도 했다.

그런데 대도시의 정원도 그럴까? 대도시 정원의 생물학적 다양성은 어떤 상태일까? 안타깝게도 어디서나 개체 수가 비슷한 무척추동물을 제외하면 대도시의 정원을 피신처로 삼는 생물은 그리 많지 않은 것 같다. 특히 포유류는 땅에 발 딛고 이동해야 하며, 한곳에 거처를 마련하기에는 자리를 많이 차지하는 데다가, 새나 곤충과 달리 인간과 동거하기가 힘든 까닭에 정원에 터를 잡기가 더욱 어렵다. 곤충은 좀 낫지만, 나비 역시 현재의 도심 정원에서는 특정한 몇몇 종만 살 수 있다. 대도시에서 살아남기 유리한 종은 이동하는 데 어려움이 없어서 섬처럼 드문드문 흩어진 이 정원 저 정원을 마음껏 떠돌 수 있고, 입맛이 까다롭지 않아 아무거나 잘 먹는 종들이다. 특정 식물만 먹고 사는 예민한 종은 움직일 수 있는 반경이 짧아서 멀리 떨어진 정원들을 오가기가 힘들다. 이동하는 중간에 쉬어갈 곳이 있으면 가능하겠지만, 대도시에서 그런 공간을 찾기는 쉽지 않다.

도시에서 살아가는 생물들에게는 정원이 넓으냐 좁으냐 하는 문제보다 정원들의 간격이 훨씬 더 중요하다. 앞에서 미세 먼지를 제거하거나 도심의 열기를 식히는 데 별 도움이 안 된다고 했던 작은 화단이나 발코니의 화분도 생물학적 다양성 측면에서는 공이 지대하다. 실제로 캐나다의 토론토 도심에 흙을 채운 큰 통을 많이 놓아두었더니 몇 주 후 식물이 자라고 곤충이 깃들어 살기 시작했다. 이런 통을 시골의 숲이나 풀밭에도 놓아두었는데, 놀랍게도 도심과 시골의 통에서 같은 종류의 곤충과 식물이 자라고 있었다. 발코니에 내놓은 화분들과 테라스의 작은 화단, 크고 작은 공원과 정원 등으로 이루어진 초록 모자이크가 긴 통로를 만들어 준 덕분이었다.

같은 맥락으로 정원은 도시뿐 아니라 시골에도 꼭 필요한 공간이다. 꽃가루받이를 도와주는 수많은 곤충이 초록 모자이크 안에서 쉬어갈 수 있기 때문이다. 시골의 정원 근처에서 자라는 야생 식물이 숲에서 자라는 친구들보다 씨앗을 더 많이 만든다는 연구 결과도 많다.

물론 정원의 생물학적 다양성은 정원 주인의 관리 스타일에 따라서도 크게 좌우된다. 영국의 정원 2,000만 곳에서 샘플을 채취해 곤충과 속씨식물, 지의류와 이끼를 조사한 장기 연구 결과가 있다. 도시별로 각기 67종의 이끼류와 77종의 지의류 표본을 수집했고, 그중에서 지의류는 정원마다 평균 15종을 조사했다. 예상대로 돌, 나무, 식물 등 그것들이 터전으로 삼은 물질이 다양하고 환경 오염이 적을수록 종이 다양했다.

한편 이 연구에서 확인된 식물 종이 1,100종 이상이었는데, 그중 70%가 다른 곳에서 이주해 온 종이었다. 이러한 조사 결과는 다른 위도와 기후대에서도 별 차이가 없었다. 따라서 인간의 선택이 식물 다양성에 지대한 영향을 미친다는 사실을 알 수 있다. 만약 종의 다양성을 제곱미터당 식물 종의 수로만 측정한다면(기네스북은 좋아할지 몰라도 생태학적으로는 바람직하지 않다) 이스라엘의 한 정원과 영국 레스터의 한 정원에 공동으로 금메달을 줘야 할 것이다. 둘 다 100m²도 채 안 되는 공간에서 250종이 넘는 식물이 확인됐는데, 이는 주변 자연 공간보다 두 배나 더 많은 수치였다. 더 놀라운 점은 그 많은 식물 가운데 69% 이상이 토착 종이 아니었다는 사실이다. 식물 종의 다양성이 자연의 역학보다는 인간의 심미안에 더 크게 좌우됨을 다시 한번 확인할 수 있다.

환경심리학 연구 결과를 보면 생물학적 다양성은 차치하더라도 자연과 전혀 접촉하지 않고 사는 사람들은 세대를 거칠수록 점점 더 '환경 치매'가 심해진다고 한다. 자연을 보지 않으면 자연에 공감할 수 없게 되고, 환경 보호의 필요성을 못 느끼게 되므로 주변이 더욱더 삭막해진다. 이런 이유 때문에라도 앨리스의 커다란 화분에 생명이 가득 자랐으면 좋겠다. 돈 주고 사 온 시클라멘*Cyclamen*이라도 좋고 바람이 실어다 준 신비한 씨앗이라도 좋다. 무엇이든 생명이 자라기만 한다면 정말 좋겠다.

지의류는 환경 오염의 척도

겨울이 다가올수록 정원이 잠잠해진다. 화려한 색깔도, 오가는 동물도 차츰 사라지고 나무는 헐벗어 딱히 할 일이 없다. 정원 주인도 이제야 일손을 놓고 가만히 정원을 지켜볼 여유를 얻는다. 그 덕에 그동안 눈에 띄지 않던 정원의 손님들을 하나둘 알아보게 되었다. 황갈색이나 청록색을 띠고서 나무줄기나 돌, 벽 등에 붙어서 자라는 지의류가 대표적인 예다.

그림자같이 조용히 존재하는 이 유기체에 관해 우리는 최근까지도 별 관심이 없었다. 그래서 지의류는 곰팡이와 시아노박테리아의 공생체일 것으로 생각해 왔다. 그런데 최근 들어 담자균류*에 속하는 또 하나의 희귀 균류가 알 수 없는 방식으로 지

---

* 유성 생식을 한 결과로 '담자기'라는 세포가 되어 홀씨를 만드는 균류. 스스로 양분을 만들지 못해 다른 생물체에 붙어 기생한다. 버섯으로 알려진 것이 많은데 목이, 송이, 느타리 따위가 대표적이다. 성숙한 버섯의 갓주름 면에는 담자기가 빽빽이 생긴다.

의류의 삶에 일조하고 있다는 사실이 새로이 밝혀졌다. 커플인 줄 알았는데 알고 보니 삼각관계였던 것이다. 이 공생체의 구성원 중 곰팡이는 시아노박테리아를 감싸서 보호하며 수분을 공급하고, 시아노박테리아는 광합성을 해서 양분을 만든다. 이 같은 협력 체계 덕분에 지의류는 돌같이 척박한 터에서도 안정적으로 양분을 만들어 살아갈 수 있다.

지의류가 커플이든 삼각관계든 간에 변치 않는 사실은 녀석들이 거의 눈에 띄지 않는다는 점이다. 꽃을 피우는 식물들과 달리 이들은 다른 개체의 관심을 끌 필요가 없어서 애써 외모를 가꾸지 않는다. 또 연간 1mm도 채 자라지 않는 데다가 계절이 바뀌어도 한결같은 모습을 하고 있어서 무심코 깔고 앉은 돌과 마찬가지로 무생물 같아 보인다. 물이 없어도, 한파가 몰아쳐도, 온갖 극한 상황에서도 지의류는 꿋꿋하다. 그래서 우리가 산을 오를 때 마지막까지 볼 수 있는 생명체도 지의류이고, 뿌리 내릴 흙 한 톨 변변치 않은 대도시의 콘크리트 틈에서도 끈질기게 살아남는 유기체 역시 지의류다. 생명력 하나는 가히 천하무적이다.

하지만 지의류에도 아킬레스건이 있다. 녀석들에게는 안 됐지만, 그 약점 덕분에 우리는 공기 질을 감시하는 용도로 지의류를 활용할 수 있다. 지의류 대부분이 스모그와 함께 발생하는 환경 오염 가스에 매우 취약하기 때문이다. 대기에 오염 가스가 조금만 섞여 있어도 특정 지의류들은 성장을 멈춘다. 특히 예민하게 반응하는 몇 종은 산업 시설이나 농경 시설은 물론이고 일반적인 도시에서 많이 배출되는 이산화황과 산화질소 같은 물질이 전혀 없어야만 등장한다. 지의류가 오염 가스에 취약한 까닭은 시아노박테리아의 구조가 너무나 단순하기 때문이다. 시아노박테리아가 광합성을 하려면 이산화탄소를 흡수해야 하는데, 오염된 환경에서는 이산화황 따위가 엽록소와 반응해서 광합성을 방해한다. 양분을 만들지 못하니 생명을 이어 가지도 못하는 것이다.

유럽 여러 나라와 미국에서는 이미 지의류의 약점을 이용해 환경 감시 활동을 진행하고 있다. 지의류를 활용하면 관찰과 표본 채취에 드는 비용이 적어서 다른 조사 도구를 사용하는 것보다 훨씬 광범위한 지역을 살필 수 있다. 대체로 특정 지역에 사는 지의류 종이 얼마나 다양한지 관찰하는 식으로 진행하는데, 지의류 중에서 환경 오염에 잘 견디는 종은 소수에 불과하므로 종의 다양성이 줄어드는 현상 자체가 환경 오염의 확실한 지표가 된다. 대기 질이 좋은 곳에서는 평균 10종이 넘는 지의류를 관찰할 수 있다. 이와 달리 지의류가 전혀 없거나 3종 이하인 곳은 공기가 많이 오염된 것으로 볼 수 있다.

지의류를 분류하는 기준은 여러 가지가 있는데, 흔히 형태에 따라서 분류하곤 한다. 바위에 딱지가 앉은 것처럼 생긴 반점형 지의류는 대개 가뭄, 한파, 환경 오염에 대한 저항력이 강해서 도시에서 자주 볼 수 있다. 나뭇가지형 지의류와 잎새형 지의류는 대기 중 습도의 영향을 크게 받아서 환경 오염에 잘 못 견디고 심한 경우 아예 자라지 않는다. 붉은녹꽃잎지의속^{Xanthoria}의 황갈색 반점형 지의류들은 아주 오래된 화분이나 화단 가장자리에서 자주 볼 수 있다. 이 녀석들은 산화질소 농도가 매우 높

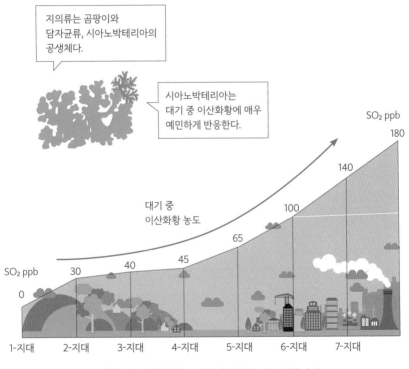

지의류는 곰팡이와 담자균류, 시아노박테리아의 공생체다.

시아노박테리아는 대기 중 이산화황에 매우 예민하게 반응한다.

대기 중 이산화황 농도

SO₂ ppb
180
140
100
65
45
40
30
0

SO₂ ppb

1-지대 2-지대 3-지대 4-지대 5-지대 6-지대 7-지대

지의류는 이산화황 오염을 측정하는 지표 생물이다.

아도 잘 버티는 덕분에 공장 바로 옆에서도 살아간다. 그러나 가지가 실같이 가는 송라속*Usnea* 지의류들은 유해 물질에 몹시 예민해서 공기가 맑은 산을 쉽사리 떠나지 못한다.

세계 여러 나라에서 1970년대부터 지의류 개체군과 공기 질을 대비한 도표를 만들고 있다. 도표를 참고하면 자기 집 정원에 어떤 종의 지의류가 사는지만 살펴도 비교적 쉽게 공기 질을 확인할 수 있다. 오염 물질에 예민한 종이 눈에 띄지 않는다면 그 지역은 대기 중 연간 평균 이산화황 농도가 30ppb 이상이라는 뜻으로 해석할 수 있다.

그런 도표를 만들 때 공원마다 거리마다 샅샅이 돌아다니며 포괄적으로 조사할수록 정확성이 높아질 것이다. 지의류를 관찰하는 일은 누구나 할 수 있다. 그래서 많은 나라에서 대학생과 정원 주인들이 참여하는 다양한 시민 과학 프로젝트를 진행하고 있다. 영국은 한 걸음 더 나아가 스마트폰 앱을 개발해 참나무와 자작나무에 사는 지의류에 관한 자료들을 모으고 있다. 이런 프로젝트의 목표는 세 가지다. 첫째는 전국의 공기 질에 관한 현장 조사 자료를 수집하고, 다음으로 시민들에게 각자의 지역에서 활용할 수 있는 측정 방법을 알려 주며, 끝으로 날씨가 추워져야 겨우 쳐다볼까 말까 하는 이 생명체를 더 많은 사람에게 알리는 것이다.

식물에 붙어사는 미생물은 별보다 많다

야생의 서부에서 한 인디언 부족이 죄인을 처형한다. 사형 집행인들이 죄인을 끌고 와 머리만 빼고 완전히 땅에 파묻는다. 죄인의 머리 위로 햇볕이 사정없이 내리쬔다. 곧 개미와 파리와 까마귀가 와서 물어뜯을 것이며, 상상할 수 있는 온갖 괴로운 일이 닥칠 것이다. 하지만 산 채로 묻힌 사람은 꼼짝도 할 수 없다. 누군가 나타나 구해 주지 않는 한 그는 아무런 방어 조치도 취해 보지 못하고 온갖 고통을 겪다 결국 죽을 것이다.

서부 영화를 보다가 사람을 땅에 파묻어 죽이는 장면이 나올 때면 나는 식물을 생각한다. 영화 속의 죄인처럼 식물도 산 채로 땅에 묻힌 신세이기 때문이다.

뿌리 박은 땅에서 꼼짝 못 하고 서 있어야 하는 식물은 온갖 해충의 괴롭힘에 고스란히 노출된 채 살아간다. 그런데도 문제없이 잘 자란다! 이는 땅에 파묻혀서도 살아남을 수 있는 나름의 전략을 갖추었기에 가능한 일이다. 식물의 생존 전략은 매우 다채로운데, 이들은 무엇보다 땅속과 대기 중의 미생물을 적극 활용한다. 자고로 어려움이 닥쳤을 때는 가까운 이웃과 상부상조하는 것이 제일이다.

자연환경이나 생명체 내에서 서로 영향을 주고받으며 공존하는 미생물 집단을 마이크로바이옴microbiome이라고 하는데, 식물은 마이크로바이옴과 아주 긴밀하게 관계 맺고 살아간다. 비유하자면 식물과 공생하는 미생물 집단은 로알드 달Roald Dahl의 소설 《찰리와 초콜릿 공장Charlie and the Chocolate Factory》에 등장하는 움파룸파족과 같은 존재다. 윌리 웡카의 초콜릿 공장에서 신나게 일하는 난쟁이 움파룸파족 일꾼들은 좋아하는 카카오 열매를 실컷 먹는 대가로 초콜릿 공장이 잘 돌아가게끔 열심히 일한다. 식물에 붙어사는 미생물 역시 자기가 원하는 것을 얻는 대가로 식물이 생명을 유지할 수 있게 돕는다.

상상력을 조금 덜어내고 비유하자면 식물은 대기업이고 미생물은 협력 업체로 볼 수 있다. 식물이라는 대기업이 비용 때문에, 혹은 시간이 모자라서, 그것도 아니면 전문가가 잡무나 보고 있을 수는 없다는 오만한 생각으로 직접 하지 않는 온갖 일들을 미생물이라는 협력 업체가 대신 처리해 주는 것이다. 대기업이 모든 것을 직접 생산하는 대신 필요한 부품을 협력 업체에 주문하면 자원을 아껴 다른 일에 쓸 수 있다. 게다가 꼭 필요한 것만 골라서 발주할 수 있으므로 자원 활용의 유연성도 높다. 산 채로 묻혔을 때는 이처럼 작은 차이가 생사를 가르는 법이다.

마이크로바이옴은 미생물의 종류나 결합 방식은 물론이고 식물을 위해 하는 일도 매우 다양해서 도무지 한계를 모른다. 그런데 이 같은 공생 관계는 식물에만 국한된 것이 아니다. 내가 혼자서 공원 벤치에 앉아 샌드위치를 먹을 때도, 혼자서 냉동식품으로 저녁 한 끼를 때울 때도, 나는 결코 혼자가 아니다. 소화 기관에서부터 피부에 이르기까지 내 몸 곳곳에 자리 잡은 수십억 마리 유기체들이 동무가 되어 주는 까닭이요, 말 없는 식탁의 친구들과 온몸 구석구석의 '공생자'들이 늘 내 곁을 지켜 주는 까닭이다. 그 생명체들이 우리의 건강을 지켜 줄 뿐 아니라, 우리의 존재 전체에 이바지하는 바가 크다는 사실은 의학적으로 이미 밝혀졌다. 태어날 때부터 죽는 순간까지 우리와 동행하는 장내 세균이 없다면 인간의 수명은 짧아도 한참 짧을 것이다.

생명체와 마이크로바이옴의 관계는 종의 기본 정의마저 뒤흔들 정도로 매우 밀접하다. 식물의 종류를 결정하는 것은 오직 유전자뿐인가? 미생물에 대한 의존 방식이 식물 범주의 경계를 확장할 수 있는가? 나도보석란*Anoectochilus imitans*[*]을 비롯한 수많은 난초의 씨앗은 내재한 에너지가 부족해서 혼자서는 자랄 수 없다. 싹을 틔우려면 특정 균류로부터 영양을 공급받아야 한다. 새둥지란*Neottia nidus-avis var. manshurica* 같은 일부 난초들은 싹 틔울 때뿐 아니라 평생을 균류로부터 에너지를 얻어 살아간다. 식물은 미생물과 떼려야 뗄 수 없는 관계를 맺고 살아가므로 생물학에서도 이런 관계를 중요하게 다룬다.

---

[*]　종명 imitans에 '모방', '따라하다'라는 뜻이 있다.

얼마 전부터 한 종의 생물과 그것과 관계 맺은 미생물 전체를 일컫는 개념으로 '통생명체'라는 용어가 자주 쓰이고 있다. 더불어 이들의 유전자 전체를 아우르는 '통유전체'라는 말도 있다. 식물이 뿌리 내린 땅에 적응해서 살아가는 능력은 식물의 유전자에 적힌 정보만이 아니라 식물과 협력하는 어마어마한 수의 미생물이 제공하는 정보에도 좌우된다. 그러니 더는 식물을 고립된 유기체로만 여길 수 없다. 세상 모든 식물의 잎 표면에 사는 미생물의 수는 무려 10^{26}마리로, 우주 전체에 있는 별의 수 10^{24}개보다도 더 많다고 한다.

마이크로바이옴이 식물에 붙어서 살아가는 영역은 크게 근권根圈, 엽권葉圈, 내권內圈으로 나눌 수 있다. 근권은 식물의 뿌리가 영향을 미치는 토양 영역으로, 뿌리와 직접 닿는 흙 1g에는 최고 10^{11}마리의 미생물이 살 수 있다. 이 녀석들을 잘 활용하면 정원의 식물을 더 잘 키울 수 있을 텐데, 안타깝게도 아직 우리는 이 엄청난 집단에 대해 아는 것이 별로 없다. 여러 연구 결과를 보면 식물, 토양, 기후, 장소에 따라 근권에 사는 미생물은 적게는 100종에서 많게는 5만 5,000종에 이르지만, 그중에서 우리가 확인한 것은 기껏해야 1%밖에 안 된다.

엽권은 잎과 줄기처럼 지상으로 나와 있는 영역으로, '지상 생활권'이라고도 한다. 근권과 비교하면 엽권의 면적이 더 넓지만, 부피는 더 작다. 미생물들에게는 근권보다 엽권이 훨씬 위험하다. 주변 환경이 건조하고 햇볕에 그대로 노출되는 데다가 공급되는 영양소도 더 적기 때문이다. 그러다 보니 자연 도태가 활발히 일어나서 근권보다 엽권에 사는 미생물 종이 더 적다. 그렇다고 해서 미생물의 수가 더 적다는 말은 절대 아니다. 엽권은 생태학적으로 특수한 틈새 공간으로, 다른 영역보다 생존 경쟁이 덜하다. 그래서 일단 한 자리를 정복한 유기체는 그곳을 완전히 장악하고 살아갈 수 있다. 예를 들면 나뭇잎의 표면에는 식물이 가스 형태로 배출하는 유기물을 먹고 사는 박테리아가 산다. 또 식물의 엽록소가 거의 다 반사해 버리는 초록색 빛만 흡수하는 퇴화한 형태의 광합성을 할 줄 아는 박테리아도 살고 있다.

식물과 미생물의 긴밀한 협력은 장소에 따라 달라진다. 같은 종의 식물이라도 사는 곳이 다르면 다른 미생물 집단과 협력한다. 그럴 수밖에 없는 것이 식물은 언제나 뿌리를 내린 현장에서 협력 업체를 모집하기 때문이다. 이때 식물은 협력 업체에 이상적인 근무 조건을 제공하기 위해 근권의 화학적 구성을 바꾼다. 광합성으로 벌어들인 수익의 40% 이상을 투자해 자기에게 도움이 되는 특정 종의 미생물이 다른 종보다 더 잘 번식할 수 있는 배양토를 만드는 것이다. 토마토, 오이, 파프리카는 많은 양의 구연산을 땅으로 배출해 이것을 먹는 박테리아의 성장을 돕고 그 박테리아의 천적은 배를 곯게 내버려 둔다. 다른 식물도 뿌리를 통해 땅에 사는 미생물을 유혹할 물질을 배출하며, 그 물질로 미생물의 성장 정도와 조직력을 조절한다.

따지고 보면 식물은 협력 업체에 영양을 공급하기 위해 열심히 광합

마이크로바이옴은······

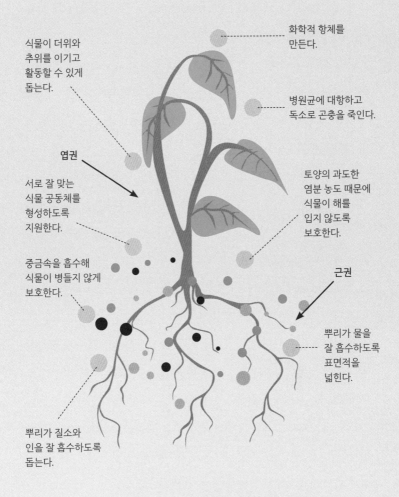

식물이 더위와
추위를 이기고
활동할 수 있게
돕는다.

화학적 항체를
만든다.

병원균에 대항하고
독소로 곤충을 죽인다.

엽권

서로 잘 맞는
식물 공동체를
형성하도록
지원한다.

토양의 과도한
염분 농도 때문에
식물이 해를
입지 않도록
보호한다.

중금속을 흡수해
식물이 병들지 않게
보호한다.

근권

뿌리가 물을
잘 흡수하도록
표면적을
넓힌다.

뿌리가 질소와
인을 잘 흡수하도록
돕는다.

식물을 위한 마이크로바이옴의 서비스

성을 해서 양분을 만드는 셈이다. 협력 업체는 식물에서 양분을 얻는 대가로 항체와 독성 물질을 만들어 병원균이나 초식 동물로부터 식물을 지켜 주며, 글로말린을 생산하고 질소를 흡수해 식물의 생장에 필요한 양분을 공급하고, 극단적인 기후나 토양의 과도한 염분 함량처럼 식물이 어찌할 수 없는 여러 가지 고통을 덜어 준다. 그뿐 아니라 식물이 직접 하기에는 너무 고단한 여러 가지 특수 활동도 알아서 척척 처리해 준다.

식물과 미생물의 관계가 돈독한 곳은 토양마저 특별하다. 이른바 '질병 억제 토양'이다. 그런 토양의 근권에는 언제든 병원균을 물리치려고 중무장한 미생물이 그득하다. 작지만 강한 미생물 전사들은 식물에 해가 되는 특정 병원균을 해치우는데, 이 녀석들은 애초에 식물이 적을 물리칠 목적으로 모집하고 양성한 용병으로 짐작된다. 실제로 식물이 특정 병원균을 제거하기 위해 모집한 미생물 연합군을 투입해 경작지 전체 토양의 저항력을 키운 사례가 지난 몇십 년간 적잖이 관측되었다. 게다가 미생물 연합군은 자기가 붙어사는 식물의 근권이 아니라도 병원균이 나타나면 즉시 달려가는 외부 방역 업체로 활동하기도 한다. 잔디로도 쓰이는 몇 종의 풀을 관찰했더니 파종한 직후에 병원균의 공격에 자주 시달리다가 인근 미생물 방역 업체의 도움으로 점차 발병이 줄어드는 현상을 볼 수 있었다.

인간이 질병 억제 토양의 특성을 잘 파악하고 관리한다면 산 채로 정원이나 밭에 파묻힌 식물의 삶이 한결 편안하고 풍요로울 텐데, 안타깝게도 우리는 아직 이런 역학에 대해 아는 것이 별로 없다. 식물에 유익한 수많은 미생물은 식물이 직접 나서서 개체 수를 조절해야만 긍정적으로 작용한다. 아무리 이로운 미생물이라 해도 개체 수가 너무 많거나 조직이 너무 커지면 오히려 식물을 공격하는 병원균으로 돌변한다. 우리 몸에 항체가 적당히 있으면 병원균을 물리치지만, 항체가 과도하게 생성되면 오히려 알레르기 반응을 일으켜 건강을 해치는 것과 마찬가지다. 그런데 우리는 미생물 집단이 아군에서 적군으로 돌변하는 규모의 한계가 어느 정도인지, 보이지 않는 곳에서 미생물을 조종하는 책임자가 누구인지 전혀 모른다. 그래서 아직 질병 억제 토양을 제대로 활용할 수가 없다. 혹시나 잘못했다가 역효과가 나서 그나마 알고 있던 긍정적 작용들마저 망칠 위험이 크기 때문이다.

또 우리는 지금껏 관찰한 효과들이 한 종의 미생물이 일으키는 현상인지 아니면 많은 종이 힘을 합쳐서 일으키는 현상인지도 파악하지 못했다. 분명한 것은 많은 학자와 기업이 방대한 규모의 현장 연구를 시작했다는 사실 뿐이다. 한 예로 파종하기 전에 미리 긍정적 결과가 예상되는 균류의 포자로 종자를 뒤덮는 실험이 있다. 이런 실험들은 취미로 정원을 가꾸는 사람은 물론이고 전문 농업인에게도 새로운 관점을 보여 줄 수 있을 것이다. 다만 지금까지의 연구 결과들로 미루어 볼 때 식물은 우리 예상보다 훨씬 더 복잡다단한 생물이며, 훨씬 더 활발하게 다른 생명체와 상호 작용을 하는 돈독한 동맹의 일원임을 잊어서는 안 될 것이다. 식물은 가만히 서 있는 관상 작물이나 장식품이 아니다. 식물이야말로 경쟁이 만연한 이 세상에서 아낌없이 서로 지원하며 개인보다 팀의 성공을 더 높이 사는 협력의 진가를 입증하는 산 증인이다.

가을

악의 꽃이 손짓하는
금단의 정원

열두 번째 산책

식물끼리 또는 식물과 미생물이 서로 협력해 이루어 내는 시너지를 생각하면 마음이 흐뭇해지면서 한적한 시골 풍경이 떠오른다. 우리가 심은 식물들이 모두 행운을 가져다주는 잔디의 요정이나 이웃의 행복을 자기 일처럼 기뻐하는 순박한 옆집 아주머니라도 되는 것처럼 하나같이 사랑스럽고 선량한 존재로 느껴진다. 물론 식물은 시너지를 노리고 개인보다 전체를 생각하는 매우 협력적인 생명체일 수 있다. 하지만 실제로는 그저 생존을 위해 활동할 뿐, 식물은 그 어떤 윤리적 가치도 추구하지 않는다.

식물의 선량함을 믿는 낭만주의자들에게는 미안하지만, 세상에는 그들의 환상을 깨뜨려 줄 식물이 많고도 많다. 그 증거로 나는 저물어 가는 가을의 한산한 정원 한 귀퉁이에 따로 화단을 하나 만들기로 했다. 이름하여 '악의 꽃' 화단이다. 나는 영화 〈비소와 낡은 레이스Arsenic And Old Lace〉*에서 애비와 마사가 레이스 모자를 쓰고 방문객들의 음료에 비소를 탄 후, 쓰러진 희생자들을 지하실로 끌고 가 영원한 안식을 선사할 때 보여 주던 그 열성으로, 악의 꽃 화단에 심을 식물들을 고르기 시작했다.

첫 번째 주인공은 만치닐Hippomane mancinella**이다. 아메리카에서 가장 치명적인 나무로 알려진 만치닐은 먼 옛날 아스텍인들이 사람을 고문할 때 이용했을 정도로 위험한 식물이다. 혹시라도 누가 만지면 큰일 날 테니 사람 손길이 잘 닿지 않도록 금단의 화단 한가운데 배치하는 것이 좋겠다. 만치닐의 잎에 들어 있는 포르볼phorbol은 습기나 빗물에 녹으면 우윳빛을 띠는데, 사람 피부에 닿으면 엄청난 통증을 유발한다. 만약 아스텍인들

---

* 프랑크 카프라 감독이 만든 1944년 작 미국 블랙 코미디 영화.
** '만치닐나무'로 알려져 있으나 국가생물종지식정보시스템에는 등록되지 않았다.

처럼 누군가를 괴롭히고 싶다면 그자를 붙잡아 적당히 옷을 벗겨 이 나무의 줄기에 묶어 두기만 하면 게임 끝이다. 만치닐을 땔감으로 태운 사람도 마찬가지로 고통을 겪는다. 나무가 탈 때 나오는 연기에도 포르볼이 섞여 있어서 피부가 엄청 따갑고 일시적으로 앞이 보이지 않으며 연기를 흡입하면 호흡기에도 문제가 생긴다. 그뿐 아니라 이 나무로 불을 피워 조리한 음식에도 유독 물질이 스며들므로 그 음식을 먹으면 구강 점막과 위 점막이 손상을 입는다.

살생의 이유

　인간은 이 세상을 동물 중심으로 생각하는 데 익숙하다. 그러다 보니 초식 동물이 식물을 뜯어 먹는 것은 당연하게 여기면서도 식물이 동물을 잡아먹는 현상은 규칙을 크게 어긴 것으로 생각하기 일쑤다. 그래서 식물이 생장에 필요한 질소를 얻고자 곤충을 사냥해 죽이는 장면을 마주하면 뭔가 비위가 상하고 동물이 사냥하는 모습보다 훨씬 더 잔혹한 광경을 목격한 듯이 느끼기도 한다. 하긴 그래서 더 매력적이라고 하는 사람도 있긴 하다. 그런데 식물이 의도적으로 살생을 저지르는 현상은 드문 일이 아니다. '육식'이라는 개념만을 기준으로 보면 아주 평범한 식물도 영양분을 섭취하고 경쟁에서 우위를 점하기 위해 빈번하게, 열정적으로, 다양한 방법을 동원해 살생에 가담한다.

그중에서도 파스텔 톤 꽃잎 위에서 천사 같은 얼굴로 조용히 일을 처리하는 암살자를 나의 특별 화단에 심을 두 번째 주인공으로 골랐다. 온화한 표정으로 방문객이 경계를 풀게 하는 위장술의 대가, 벌레잡이풀*Nepenthes*과 끈끈이주걱*Drosera rotundifolia*이다. 이 녀석들 같은 식충 식물의 잎에 잘못 내려앉은 파리의 운명을 모르는 사람은 없을 것이다. 그러나 단순히 곤충을 잡아먹는다는 이유로 이 식물들을 향해 돌을 던질 수는 없다. 이들의 사냥은 살생을 위한 살생이 아니라 땅에서 얻기 힘든 귀한 질소를 보충하려는 숭고한 노력이기 때문이다.

식충 식물은 토양이 산성이거나 너무 습해서 질소와 인이 부족할 때 주로 세 가지 방법을 동원해 결핍을 해소한다. 덫을 놓고, 소화 효소를 분비하며, 소화된 액체를 영양소와 함께 다시 흡수하는 것이다. 그런데 자연에는 갖가지 극한 환경이 존재하므로 상황에 따라 식물의 생존 방식이 다를 수밖에 없다. 영양을 보충하기 위해 직접 곤충을 사냥하는 식충 식물은 종자식물의 0.2% 정도밖에 안 되며, 이보다 훨씬 많은 식물이 또 다른 방식으로 살생을 저지른다.

벌레잡이풀과 끈끈이주걱 같은 식충 식물이 드러내 놓고 살생을 저지르는 것과 달리 눈에 잘 띄지 않는 방식으로 간접 살생을 일삼는 식물들도 있다. 이 녀석들은 훨씬 더 음흉하고 교묘하게 움직이며 제물을 다루는 솜씨도 보통이 아니다. 심지어 이 세상에는 영양을 섭취할 목적이 아닌데도 살생을 하는 식물, 소화 작업을 남에게 위탁하는 식물, 땅속에서 남몰래 살생하는 식물도 있다.

끈끈이양지꽃*Potentilla arguta**, 에리카 테트랄릭스*Erica tetralix*, 끈끈이제라늄*Geranium viscosissimum***, 끈끈이동자꽃*Lychnis viscaria*, 악취시계꽃*Passiflora foetida****은 곤충을 잡거나 죽일 수 있다는 사실이 이미 잘 알려진 식물들이다. 녀석들은 줄기와 잎에 있는 밀선蜜腺이라는 조직에서 다양한 접착 물질을 분비해 곤충을 잡는다. 하지만 이 식물들은 잡은 곤충을 직접 소화할 수 없다. 그래서 근권에 사는 일부 미생물을 하청 기업으로 활용한다.

한편 아름다운 페튜니아와 얌전한 토마토마저 곤충을 손님으로만 대하지는 않는다는 소문이 돈다. 이 녀석들은 자잘한 털을 이용해 수시로 곤충을 포획한다고 한다. 물론 녀석들이 잡은 곤충을 직접 소화하는지 아니면 토양 미생물이 분해한 찌꺼기를

---

*   북아메리카 고유의 다년생 초본 식물로, 키가 30~100cm까지 자라고 잎이 끈적한 털로 덮여 있어서 '키다리양지꽃' 또는 '끈끈이양지꽃'으로 알려져 있다. 모두 국가생물종지식정보시스템에는 등록되지 않은 이름이다.
**   종명 viscosissimum이 '점성'을 뜻하며, 실제로 줄기와 잎이 끈적한 털로 덮여 있다.
*** 종명 foetida에 '악취가 난다'는 뜻이 있어서 '악취시계꽃'으로 불리나, 국가생물종지식정보시스템에 등록된 이름은 아니다. 이 식물의 잎을 짓이기면 고약한 냄새가 난다.

흡수하기만 하는지는 아직 알려진 바가 없다. 분명한 것은 희생된 곤충을 분해하는 과정에서 흡착된 질소를 뿌리로 더 많이 흡수할 수 있을 것이라는 점이다. 이런 종의 식물은 토양에 양분이 부족하지 않을 때도 살생을 멈추지 않고 창고를 두둑하게 채워 둔다.

그런가 하면 접착 물질을 분비하기는 하는데 곤충을 사냥하지 않는 종도 있다. 식물은 동물처럼 자유롭게 움직일 수 없기에 한자리에 가만히 서서 자기 몸을 지켜야 한다. 벌레들이 줄기를 타고 올라와 꽃과 잎사귀를 갉아 먹게 내버려 두어서는 안 된다. 그래서 꽃고비과에 속하는 꿀나바레티아*Navarretia mellita**는 현장에서 바로 구할 수 있는 재료로 바리케이드를 설치한다. 꿀처럼 끈적이는 분비물로 곤충을 잡는 대신 서식지에 널려 있는 모래알을 잡아서 갑옷처럼 온몸에 두르는 것이다.

'끈끈이나무'로 불리기도 하는 로리둘라속*Roridula* 식물과 작은 야자수 모양을 한 파이팔란투스속*Paepalanthus* 식물은 다른 생물과 공생 관계를 맺어 간접적으로 살생을 저지른다. 말미잘이 흰동가리를 숨겨 주듯이 로리둘라는 특별한 분비물을 만들어 노린재목 가운데 한 종이 자신의 끈끈이에 들러붙지 않도록 지켜 준다. 그 덕분에 노린재는 안심하고 로리둘라의 끈끈이에 붙

---

*   종명 mellita에 '꿀 같은', '달콤한'이라는 뜻이 있다.

들린 곤충들을 먹어 치운다. 흰개미 집 위에 터를 잡는 파이팔란투스도 식충 식물처럼 양분을 얻기 위해 육식을 하지만, 직접 곤충 사냥을 하지는 않는다. 그 대신 장미꽃 모양의 잎 한가운데 물이 풍부한 샘을 마련해 놓고 인구 밀도가 높은 거미 부족이 살 수 있게 도와준다. 노린재와 거미는 삶의 터전을 마련해 주는 식물을 위해 기꺼이 살생을 하고, 식물은 자기 품에서 살아가는 생물들의 분비물을 먹는다. 이 분비물은 곤충의 사체와 달리 식물의 잎을 통해 직접 흡수된다. 녀석들은 이런 방법으로 '소화 가능한' 질소를 두둑하게 저장해 둔다.

살생 식물 가운데는 완전 범죄를 꿈꾸는 녀석도 있다. 비밀리에 살생 임무를 완수하려면 조심 또 조심해서 남의 눈을 피해 행동하는 것이 상책이다. 이처럼 치밀하고 신중한 태도를 갖춘 식물이라면 우리 집 악의 화단에 들어올 자격이 충분하다. 그런 의미에서 브라질의 열대 초원 세라도에서 온 필콕시아속*Philcoxia* 식물을 한두 포기 심기로 했다. 필콕시아는 살생 식물의 모든 특성과 욕구를 갖추었지만, 녀석 근처에서 잡힌 곤충이나 소화되고 남은 곤충의 찌꺼기가 발견된 적은 없다. 필콕시아가 살생을 하고도 증거를 남기지 않는 비결은 곤충을 포획하는 특수한 잎이 땅속에 숨어 있는 까닭이다.

자그마한 하트 모양 잎을 앞세우고 무자비한 씨앗을 무기로 삼아 들판 곳곳으로 퍼져 나가는 냉이*Capsella bursa-pastoris*도 나의 특별 화단에 초대하고 싶다. 그리고 '치명적 유혹' 상을 주고 싶다. 냉이는 싹 트기 직전에 씨앗 껍질의 점막이 물을 가득 빨아들이는데, 이때 형성되는 화학 물질이 그리스 신화 속 오디세우스가 들었던 세이렌의 노래처럼 땅속에 사는 선충류와 특정 단세포 생물들을 유혹한다. 먹잇감이 몰려들면 냉이는 독소를 모아 그것들을 죽이고 사체를 분해할 소화 효소를 분비한다. 이제 씨앗은 아미노산과 질소를 흡수해 이 양분으로 어린싹을 키운다. 여기까지 읽고 앞으로 더는 냉잇국을 못 먹겠다는 사람이 생겼을지도 모르겠다. 그 맛난 냉이가 무엇을 먹고 자랐는지 알았으니 말이다.

지금까지 소개한 식물들과 달리 영양을 보충할 필요가 없는데도 살생을 택하는 식물도 있다. 붉은색 화려한 꽃으로 눈길을 사로잡는 으뜸매발톱꽃*Aquilegia eximia*[*]은 자기 몸을 지키기 위해 무지막지한 육식 곤충을 킬러로 고용하는데, 식물과 곤충의 세계에도 공짜는 없다. 녀석은 고용한 킬러들에게 떡 벌어지도록 한 상 차려 주기 위해서 끈적거리는 분비물로 작은 곤충들을 잡는다. 화사하게 핀 으뜸매발톱꽃은 그 우아한 분위기로 보는 이를 기분 좋게 하지만, 봄에 녀석을 자세히 보면 끈적거리는 줄

---

[*] 종명 eximia는 라틴어로 '선발된', '선택된'이라는 뜻이며, 스페인어로는 '걸출한', '뛰어난'이라는 뜻이다.

기의 혹마다 작은 곤충의 사체가 그득해서 좋았던 기분이 싹 가시곤 한다. 하지만 썩어 가는 사체의 냄새와 죽어 가는 곤충들의 마지막 숨에서 배어 나오는 물질은 육식 곤충들을 유혹하기에 더할 나위 없이 좋다. 이렇게 무시무시한 뷔페를 차린 덕분에 식물은 거미와 육식 곤충들에 둘러싸이게 된다. 굶주린 킬러들은 식물이 차려 놓은 먹이뿐 아니라 우연히 그곳을 지나가던 애벌레와 식물에 해를 입힐 가능성이 있는 다른 곤충들까지 닥치는 대로 잡아먹는다. 푸짐한 한 끼 식사를 대접받은 사냥꾼들이 자발적으로 주인을 지켜 주는 용병이 되는 것이다.

끝으로 잔혹과 평범을 오가는 야누스 같은 식물을 소개한다. 덩굴 식물인 방패잎트리피오필룸*Triphyophyllum peltatum**은 세 가지 모양 잎이 자라는 특이한 녀석이다. 평소에는 서아프리카 열대 우림의 작은떨기나무 아래에서 평범하게 살다가 우기가 시작되기 직전에 갑자기 붉은색 포충엽捕蟲葉을 만든다. 일반적인 잎사귀 모양이 아니라 줄기를 빙 두르며 붉은 혹이 돋아난 모습인데, 그 혹이 곤충을 붙드는 끈끈이 역할을 한다. 에너지 낭비를 줄이기 위해 먹잇감을 기다릴 때는 끈끈한 부착 물질만 분비

---

* 종명 peltatum이 '방패 모양'을 뜻한다. 트리피오필룸은 '세 가지 모양 잎'이라는 뜻으로, 생장 시기에 따라 평범하게 광합성을 하는 일반적인 잎과 곤충을 잡는 잎(포충엽), 다른 식물을 잡고 오르는 갈고리가 달린 잎이 돋아난다. 때에 따라 포충엽의 잎자루 가까이에 방패 모양 작은 잎이 발달하기도 한다.

하고, 포충엽에 풍뎅이 같은 곤충이 달라붙어 자극이 느껴지면 비로소 소화 효소 분비샘을 생성한다. 녀석은 몸속에 영양분을 충분히 쌓을 때까지 몇 주 동안 이렇게 수동적으로 곤충을 사냥한다. 그러다가 목적을 달성하고 나면 식충 활동을 멈추고 다시 평범한 예전으로 돌아가 뿌리로만 양분을 흡수한다. 대신 곤충 사냥으로 축적한 양분으로 잎사귀 끝에 갈고리를 만들어 주변에서 제일 높은 식물을 꽉 붙들고 위로, 위로 오른다. 이후로도 때가 되면 다시 곤충을 잡아먹는 단계와 뿌리로 양분을 흡수하는 단계를 번갈아 오간다. 이렇듯 때로는 잔혹하고 때로는 평범한 변신의 귀재라면 악의 꽃 화단 중앙의 특별석을 차지하기에 전혀 손색이 없을 것이다.

그 꽃을 만지지 마오!

아프리칸바이올렛*Saintpaulia ionantha*은 제비꽃을 닮아서 이름에 '바이올렛'이 붙었지만, 제비꽃은 아니다. 제비꽃은 제비꽃속*Viola* 식물이고, 아프리칸바이올렛은 세인트폴리아속*Saintpaulia* 식물이다. 속명 그대로 세인트폴리아라고 부르기도 하는 아프리칸바이올렛은 화려한 진보라색 꽃과 폭신폭신한 잎이 매력적인 원예용 식물이다. 식탁 장식에 안성맞춤인 크기 덕분에 주로 부엌 창가나 거실 탁자 위에 자리 잡고서 사람들의 눈길을 붙잡는다.

그러나 아프리칸바이올렛은 키우기가 여간 까다로운 게 아니다. 원예의 달인들마저 아프리칸바이올렛을 잘 키우려면 타고난 재능이 있어야 한다고 한목소리로 외칠 정도다. 녀석이 좋아하는 기후와 빛과 온도를 세심하게 맞춰 주고 온갖 정성과 관심을 쏟아야 한다고 말이다. 그런데 알고 보면 아프리칸바이올렛을 잘 키울 수 있는 비결은 아주 간단하다. 얼마나 간단하냐면 그동안 애지중지 온갖 비위를 다 맞춰 주던 노력이 허탈하게 느껴질 정도다.

앞에서 이야기했듯 아프리칸바이올렛은 폭신폭신한 잎이 매력적인 식물이다. 그 잎이 어쩌나 사랑스러운지 눈에 띄면 만지지 않고 지나치기가 힘들 정도여서 사람들은 자꾸 녀석의 잎에 손을 댄다. 그런데 미국의 두 여성 학자가 아프리칸바이올렛을 손으로 만질 때 어떤 반응이 나타나는지, 사람들 손에 묻은 향기 물질에 식물이 어떻게 반응하는지 연구했더니 유감스럽게도 이 식물은 사람 손을 영 탐탁지 않게 여겼다. 사람 손이 닿은 뒤부터 잎의 크기도 줄고 개수도 줄어드는 등 제대로 성장하지 못한 것이다. 특히 로션처럼 향료가 묻은 손으로 만졌을 때는 식물이 더욱 고통스러워하는 듯했다. 두 경우 모두 손으로 잎을 만지기만 하면 잎이 빨리 시들고 쉽게 손상되는 등 녀석의 꼴이 말이 아니었다.

사소하지만 매력적인 이 연구 결과를 통해 우리는 식물도 냄새에 반응한다는 사실을 알게 되었다. 식물은 코가 없지만, 화학 물질을 감지할 줄은 안다. 수많은 식물이 얽히고설켜 살아가는 자연이라는 전쟁터에서 식물들은 생존 공간을 확보하기 위해 치열한 경쟁을 벌이는데, 개중에는 화학 가스까지 동원하는 종도 있다. 인간이 기분 좋게 느끼는 향기가 알고 보면 식물들이 내뱉는 욕설이나 경고 메시지일 때도 많다. 향기로운 화학 가스에 실린 뜻을 번역하면 대충 이런 뜻이다. "꺼져!", "세균덩어리 같으니, 저리 비켜!" 겁이 많은 식물은 이런 경고 신호를 감지하면 그 방향으로 진출하기를 꺼릴 수밖에 없다.

또 식물은 코만 없는 게 아니라 눈도 없다. 따라서 시각 대신 다른 방법으로 주변 환경을 인지해야만 한다. 향기를 감지해 적의 존재를 짐작하듯 무언가가 몸에 닿으면 그 방향으로는 공간이 부족하다는 뜻으로 해석할 수 있다. 그래서 식물은 접촉이 없는 쪽, 즉 방해물이나 경쟁자가 없을 것 같은 방향으로 잎을 틔우고 줄기를 뻗는다.

식물이 기계적인 접촉 자극에 반응해 생육과 발육에 변화를 보이는 현상을 '접촉 형태 형성'이라고 한다. 이 같은 현상의 뒤편에는 접촉 자극을 통해 연쇄 반응을 일으키고 특정 호르몬을 조절하는 복잡한 유전자 네트워크가 숨어 있다. 바로 이것이 줄기의 성장과 꽃봉오리의 형성이나 사멸을 조절한다. 그러니 식물의 접촉 형태 형성을 잘 이해하면 상업적으로 유용하게 활용할 수 있을 것이다. 예를 들어 온실에서 키우는 관상용 식물은 하늘 높은 줄 모르고 계속 위로 올라가는 습성이 있는데, 부드러운 솔로 규칙적으로 쓰다듬어 주면 화학 물질을 쓰지 않고도 원하는 높이를 유지할 수 있다. 대표적인 식물이 샐비어*Salvia splendens*와 프렌치메리골드*Tagetes patula*다. 식물은 물체와 접촉할 때뿐 아니라 바람만 스쳐도 접촉 형태 형성에 영향을 받는다. 도심에서 자라는 로즈마리*Rosmarinus officinalis*와 해안가에서 바닷바람을 맞으며 사는 로즈마리만 비교해 봐도 대번에 알 수 있다.

도시의 원예가들이 까탈스럽다고 나무라던 아프리칸바이올렛은 사람들의 눈요깃거리가 되려고 태어난 것이 아니다. 아프리카(녀석은 탄자니아의 우삼바라산맥 출신이다) 숲속 복잡한 삶터에서 어떻게든 살아남아 종을 유지하겠다는 사명을 띠고 싹을 내밀었다. 그런 서식지에서는 생태학적 틈새에서 살아남고자 애쓰는 식물들이 공간과 자원을 서로 차지하려고 치열하게 다투기 마련이다. 그러면서 저마다 생존 요령을 익혔을 것이다. 아프리칸바이올렛 역시 신중한 대처법을 배워 유전자에 새겼을 터. 그러니 타고난 원예 감각을 자랑하고 싶다면 로션 바른 손으로 함부로 식물을 만지작거리지 말아야 한다. 아프리칸바이올렛은 조상 대대로 그리 사교적인 집안이 아니어서 스킨십을 좋아하지 않으니 말이다.

겨울

Winter

겨울

떠나가기 전에
이름을 불러 주오

열세 번째 산책

하루는 생태학자인 프란체스코가 우리 정원에 어떤 종의 도시 나비들이 사는지 보고 싶다면서 구경하러 왔다. 그와 한참 대화하다 보니 우리의 이야기는 '도시 사람들은 도통 생물에 대해 아는 것이 없다'는 쪽으로 흘러갔다. 식물에 관한 인간의 집단 지식은 냉동 상태로 유통되는 시금치에서 시작해 자연 다큐멘터리 영화에서 포르노 배우 뺨치는 자태로 눈길을 끄는 관능적인 열대 난초에서 끝난다. "문제는 그 사이에 무엇이 있는지는 도통 모른다는 겁니다. 사람들은 먹을 수 없는 식물이나 못생겨서 남들한테 자랑하지 못할 식물에는 관심이 없거든요. 인간의 관심은 양극단에만 치우쳐 있어요. 유명한 유기농 제과점에서 사용하는 곡물이나 TV에 등장하는 맹그로브 숲밖에는 모르죠." 프란체스코가 불만스러운 말투로 덧붙였다.

하긴 지구에 사는 균류만 해도 총 100만~1,000만 종은 될 것으로 짐작되는데, 지금껏 세상에 알려져 이름을 얻은 균류는 10만 종에 불과하다. 이름 이야기가 나왔으니 하는 말이지만 식물의 이름이야말로 지난 몇십 년 동안 실로 기묘한 변화를 겪었다. 가장 안타까운 것은 식물분류학자들, 그러니까 새로운 식물종을 발견해 등재하고 분류하는 학자들 자체가 멸종 위기종이 되어 버렸다는 사실이다. 식물분류학은 그다지 '섹시한' 분과가 아닐뿐더러 과학적 성과가 낮고 대중의 관심을 끌기도 힘들다. 그러다 보니 식물분류학은 과거의 영광과 가치를 잃은 채 더는 미래의 무대를 꿈꾸지 못하고 역사의 한 귀퉁이로 밀려나고 말았다.

식물분류학자들이 자연 과학의 판다panda 신세가 된 데는 식물보다는 동물에게로 향하는 인간의 선별적 인식도 영향을 끼쳤다. 그렇다고 판다가 먹을 대나무 잎이 부족한 것은 아니다. 오히려 차고 넘친다. 지난 5년간 무려 9,932종의 식물이 새로 확인되어 지금까지 분류를 마친 식물 종의 수는 총 26만 8,600

종에 이른다. 게다가 이 작업은 좀처럼 완료될 것 같지 않다. 지구의 식물 전체를 담은 앨범을 완성하려면 라벨용 스티커가 얼마나 더 필요할지 짐작도 안 된다. '관다발 식물'이라는 표제에 들어갈 종의 총 수만 해도 31만 5,000~42만 종으로 추정되는데, 이는 통일된 기준이나 수많은 기존 모델을 기틀로 삼지 않은 대략적인 계산 결과에 불과하다. 인간의 건강한 이성과 어림짐작 통계를 잘 버무려 예측해 보면 대략 36만 종은 될 것이다. 그런데 이 수치는 오로지 관다발 식물에만 해당하는 이야기다. 다채롭기 그지없어 훨씬 더 큰 수치가 예상되는 조류, 지의류, 이끼류는 아직 포함하지도 않았다.

지금 이대로의 연구 속도로 식물 세계의 인구 통계를 다 내려면 최소 40년이 걸린다. 물론 종의 다양성을 위해 싸우는 무명용사들이 생태계 파괴로 말미암아 이름을 얻기도 전에 멸종해 버리지 않는다는 가정하에서 말이다. 세상에 알려진 종과 멸종 위기종의 비율만 따져 보면 크게 걱정할 일이 아닌 듯 보이기도 한다. 종자식물의 경우 레드리스트$^{Red List^*}$에 오른 종의 비율은 3%를 밑도는 정도다. 하지만 아직 발견되지 않은 식물의 밀도가 가장 높은 지역은 열대 지역일 가능성이 매우 큰데, 이 지

---

* 국제 자연 보호 연맹이 멸종 위기에 처한 동식물에 대해 2~5년마다 발표하는 보고서. 정식 명칭은 '멸종 위기에 처한 동식물 보고서'이고, 레드리스트는 별칭이다.

역이 오늘날 가장 급격한 변화의 물결에 휩쓸리고 있는 현실을 생각하면 걱정이 앞선다. 지난 40년간 인간이 발견한 모든 식물 종 가운데 처음 목격한 후 5년 안에 확인을 마친 것은 16%가량에 불과하다. 나머지는 새로운 종으로 인정받을 때까지 식물 표본실이라는 중간 세계에서 바늘에 꽂인 채 짧게는 몇 년, 길게는 무려 30년을 보내야 했다.

요즘에는 새로운 종을 발견하려고 야생으로 나가는 학자들이 없다. 그런 대형 프로젝트를 진행하기가 힘들기도 하고 실패할 확률도 높아서 영화 속 인디아나 존스처럼 정글과 늪을 헤치는 낭만적 방식의 탐험은 거의 계획하지 않는다. 오늘날 식물 탐험 계에 남은 미지의 땅은 야생의 정글이 아니라 지난 몇십 년 동안 발견은 했지만, 아직 분류하지 못하고 쌓아둔 식물 표본실의 건초더미다. 그런데도 진전 속도는 느리기만 하다. 현재 우리가 한창 '발견 중'인 식물들은 냉전 시대에 수집한 것들이다. 1980년 영국의 하드 록 밴드 레드 제플린Led Zeppelin이 해체하기도 전이며, 1976년 중국에서 톈안먼 사건天安門事件이 일어나기도 전이고, 1970년 독일의 전설적인 축구 선수 프란츠 베켄바워Franz Beckenbauer가 탈구된 어깨를 삼각끈으로 묶고 뛰었던 그 유명한 경기가 있기도 전이다.

종의 다양성을 다루는 학문의 미래는 전 세계의 식물 표본실에 보관된 어마어마한 양의 백로그backlog*에서 쉬고 있고, 분류 작업을 완료해 해당 학문에 편입시키는 비율은 가소로울 정도다. 그동안 표본실에 저장된 모든 식물의 재고 목록을 작성하려 고군분투했던 이름 없는 영웅들의 말이 사실이라면, 식물 다양성의 목록을 완성하기 위해 수집했던 9만 종 가운데 절반가량이 아직 연구실로 불려 나오지도 못한 채 표본실에만 갇혀 있다. 문제는 이 식물들이 대부분 멸종 위기 서식지에서 왔으며, 오늘날 멸종 위기 서식지가 사라지는 속도가 점점 빨라지고 있다는 것이다. 이런 상황이 계속 이어진다면 식물 분류 스티커는 기껏해야 '후회의 스크랩북'에나 붙일 수 있을지도 모른다. 표본실에만 남아 있는 식물, 이름 말고는 아무것도 남아 있지 않은 식물의 목록이 되고 말 테니까.

식물 이름의 옷장 정리

1758년에 린네가 생물의 학명을 속명과 종명으로 나타내는 '이명법'을 창안한 이후 수백 년 동안 엄청나게 많은 라틴어 이

---

* 이미 개발 계획을 수립했지만 먼저 개발해야 하는 다른 시스템에 밀려 개발을 보류한 시스템을 뜻하는 용어.

름이 만들어졌다. 더불어 세계 곳곳에서 수집, 분류된 수백만 가지 식물 표본은 전설 속 바벨탑이 무너지던 순간에 비유할 만한 대혼란을 불러 왔다. 당연히 관련 응용 분과에도 혼란을 안겨 줄 수밖에 없었다. 예를 들어 '아프리카자두나무'를 가리키는 학명은 피지움 아프리카눔*Pygeum africanum*, 피지움 크라시폴리움 *Pygeum crassifolium*, 프루누스 아프리카나*Prunus Africana*로 세 가지인데 이것을 전립선 치료 분야에서 어떻게 적용해야 할지 문제가 되었다. 중복으로 보아야 할까? 아니면 각기 다른 발견 사례로 보아야 할까?

아프리카자두나무처럼 이름이 여럿인 경우는 한 종류의 식물을 둘, 셋, 넷, 그 이상의 학자가 발견해서 둘, 셋, 넷, 그 이상의 이름을 붙인 것이다. 이러한 동의어는 분류학의 주요 문제 중 하나였다. 그래서 2010년, 학명 때문에 불거지는 혼란을 없애고 각종 식물과 진균류를 국제적으로 통일된 학명으로 명명하기 위해 '국제 식물 명명 규약International Rules of Botanica Nomenclature' 을 최종 완성했다.

그동안 우후죽순 만들어진 학명을 점검해 보았더니 식물 이름의 거의 절반이 중복된 것이었다. 옷장을 정리하고 싶으면 부끄럽지만 잘못 판단했다는 사실을 인정해야 한다. 내 스타일이 아닌데 유행에 휩쓸려서 샀거나, 조금 작은 줄 알면서도 살 빼고 입으려고 미리 사 두었거나, 같은 옷이 있는데도 깜빡하고

우리가 아는 식물은 몇 종이나 될까?

2015년에 새로 발견된 식물: 2,034종
지금까지 등재된 관다발 식물: 39만 1,000종
이 중 종자식물의 비율: 94%

61 멕시코

콜롬비아 89

235 브라질

동그라미 안의 숫자는
2015년에 처음으로 등재된
식물 종 수를 나타낸다.
158 중국
88 라오스
59 인도
125 말레이시아
73 마다카스카르
오스트레일리아 132
남아프리카공화국

충동 구매를 한 자신을 일단 용서해야 한다. 그런 다음 과감하게 옷을 정리해 버리고 나면 옷장은 좀 휑하겠지만 기분은 날아갈 듯 가벼울 것이다. 그런데 정리하려고 열어 본 옷장에 무려 30만 벌이 넘는 옷이 걸려 있다고 상상해 보자. 얼마나 엉망진창이겠는가! 그렇다, 지금까지 알려진 식물 종이 무려 30만 가지를 넘었다.

인간이 먹으려고 재배하는 감자는 한때 전 세계에서 예순 개가 넘는 이름으로 불렸다. 다행히도 지금은 그중에서 솔라눔 투베로숨*Solanum tuberosum*을 제외하고는 단 세 개만 남았다. 그 많던 이름이 이처럼 확 줄어들 수 있다는 사실은 그동안 식물 연구가 얼마나 뿔뿔이 흩어져 진행되었는지 그리고 차후 점검이 얼마나 부족했는지를 말해 준다. 그 탓에 엄청난 수의 이름들이 쏟아져 나왔고, 이는 다시 농업과 영양학, 식물학, 화학 연구에 큰 혼란을 야기했다.

감자의 이름을 두고 혼란을 겪은 이유는 또 있다. 학자들이 너무 열의에 넘친 나머지 줄기의 모양이 다르다는 이유만으로 안데스의 토종 감자를 독자적인 변종으로 인정해 버린 것이다. 나라마다 다른 작업 방식 역시 학명의 옷장이 범람하는 데 일조했다. 독자적인 종으로 분류된 감자 가운데 상당수가 구소련 식물학자들의 손을 거쳤는데, 이들은 안데스에서 씨앗이나 감자알을 러시아로 실어 와서 연구에 착수했다. 하지만 유감스럽게도 기후, 고도, 위도가 미칠 수 있는 영향을 크게 유념하지 않은 바람에 수많은 오류를 낳고 말았다.

식물학계의 레이디 가가

　식물의 학명을 만들 때 사용하는 공식 언어는 라틴어라고 알려져 있다. 린네가 생물에 이름을 붙여 줄 당시에 학자들이 쓰던 언어가 라틴어였기 때문이라는 그럴듯한 근거도 있다. 그러나 이런 소문은 진실이 아닐뿐더러 식물학을 괴롭히는 무거운 짐이다. 요즘 같은 코딩의 시대에 키케로^{Cicero*}의 언어라니, 뭔가 답답하고 고리타분한 세계라는 인상을 풍기지 않는가.

　그런데 굳이 라틴어를 배우지 않았더라도 조금만 정신 차리고 살펴보면 속과 종을 정의하는 데 사용한 언어는 진짜 라틴어가 아니라는 사실을 금방 알 수 있다. 학자들이 분류학의 형식에 충실하기 위해 그리고 운 좋게 새로운 종을 발견한 것에 그치지 않고 후세에 기념비적인 유산을 남기고 싶은 창의적 갈증을 해소하기 위해, 고대 로마의 발음과 유희하는 인공 언어를 만들어 낸 것이다.

---

* 　고대 로마의 정치가이자 학자로, 그의 문체를 라틴어의 모범으로 일컫는다.

라틴어인 척 꾸미긴 했으나 여기에 나쁜 의도는 없다. 어떤 사람들은 귀찮은 상대를 쫓아버리려고 사이비 라틴어를 내뱉으며 어려운 말을 쓰는 척하기도 하지만, 식물학의 라틴어는 낯선 식물을 일상적 세계의 물건, 사건, 사람과 연결해서 사람들이 이 새로운 종과 금방 친해지도록 도와주려는 노력의 결과다. 린네 역시도 분류 작업에 약간의 창조적인 느낌을 더하기 위해 재미삼아 라틴어 발음과 유사한 단어를 만들거나 그런 식의 식물 이름을 지었다.

그러나 대중의 관심을 끌고 싶은 욕심은 점점 더 대담한 이름을 짓기 시작했고, 무엇보다 유명 인사의 이름을 활용한 작명이 인기를 끌었다. 하긴 명명자가 자기 이름을 식물에 붙이는 짓이 좀 한심하고 따분해 보이기는 한다. 게다가 예전에는 거리 이름에도 역사적 인물이나 유명 정치인, 왕의 이름을 많이 붙이지 않았던가. 그리하여 유명인의 이름을 얻게 된 대표적인 식물들을 꼽아 보면 영국 빅토리아 여왕의 이름을 딴 아마존빅토리아 수련*Victoria amazonica*, 아스텍의 마지막 왕 몬테수마의 이름을 딴 몬테주마잣나무*Pinus montezumae*, 워싱턴의 이름을 딴 워싱턴야자 *Washingtonia filifera*, 벤저민 프랭클린의 이름을 딴 프랑클리니아 알라타마하*Franklinia alatamaha*, 미국 대통령 버락 오바마의 이름을 딴 오바마단추지의*Caloplaca obamae* 등이 있다. 오바마단추지의를 포함해 학명에 오바마라는 이름이 붙은 것은 거미, 물고기, 도마뱀 등 모두 9종으로, 오바마는 역대 미국 대통령 중 자신의 이름을 딴 생물 종이 가장 많은 대통령이다. 과학자들은 청정에너지 개발과 환경 보호, 과학 발전에 이바지한 오바마 대통령을 기리기 위해 그의 이름으로 신종을 명명했다.

이와 달리 나폴레오나에 임페리알리스*Napoleonaea imperialis*와 바우히니아 시린토니에*Bauhinia sirindhorniae*처럼 아첨용으로 사용한 이름도 있다. 전자는 나폴레옹이 황제에 오르던 해에 등재되었고, 후자는 현 태국 국왕의 여동생이자 서거한 전 태국 국왕의 딸인 마하 차끄리 시린톤Maha Chakri Sirindhorn 공주의 이름을 딴 것이다.

세월이 흐르면서 유명인과 권력자에 관한 생각이 달라지자 이제는 식물에 이름을 선사하는 주인공들의 직업도 달라졌다. 요즘은 귀족이나 정치가는 한물가고 스타들이 대세다. 유명한 가수와 배우는 물론이고 세계적인 팝 문화의 아이콘들이 식물 이름에 등장하기 시작한 것이다. 그래도 가짜 라틴어를 가지고 놀면서 식물과 유명인의 공통점을 찾아낸다는 규칙은 여전히 같다. 이런 흐름으로 볼 때 요즘의 대세는 팝 가수 레이디 가가 Lady GaGa다. 가가속*Gaga*은 20여 종의 고사리를 거느린 하나의 속으로, 대표적인 종이 가가 제르마노타*Gaga germanotta**와 가가 몬

---

* 레이디 가가의 본명이 '스테파니 조앤 안젤리나 제르마노타'이다.

스트라파르바*Gaga monstraparva*[*]이다. 이 속의 유전자 배열은 구아닌-아데닌-구아닌-아데닌Guanin-Adenin-Guanin-Adenin인데 알파벳 첫 글자를 따면 'GAGA'가 된다. 마침 레이디 가가가 2010년 그래미상 시상식에서 입은 옷의 모양과 색깔이 고사리 생애주기의 한 단계인 전엽체의 모습과 비슷했던 일화도 있다.

이러한 시류에 편승하지 않고 고유한 문화적 배경을 고려해 특별한 이름을 지어 준 예도 많다. 마크로카르파 디에스-비리디스*Macrocarpa dies-viridis*는 학자들이 에콰도르 정글에서 이 식물을 발견할 당시 미국의 펑크 록 밴드 그린 데이Green Day의 노래를 듣고 또 들었기 때문에 붙여 준 이름이다(종명 디에스-비리디스가 그린 데이라는 뜻이다). 같은 속의 다른 종인 마크로카르파 아파라타*M. apparata*는 문학 작품에서 영감을 얻어 지은 이름이다. 발견 당시 녀석이 마치 해리 포터의 순간 이동 주문apparate을 듣기라도 한 것처럼 열대 우림 한가운데서 탐험대 앞에 갑자기 나타났기 때문에 이런 이름을 붙였다고 한다. 또 애니메이션 <네모바지 스폰지밥SpongeBob Squarepants>이 인기를 끌면서 그물버섯과에 속하는 스펀지 모양 균류에 스폰지포르마 스퀘어팬치*Spongiforma squarepantsii*라는 이름을 지어 주기도 했다.

---

[*]   종명 monstraparva는 '작은 괴물들'이라는 뜻으로, 레이디 가가의 팬클럽 이름에서 따온 것이다.

최근에는 학자들의 유머 감각이 조화에까지 영향을 미치는 재미난 현상이 벌어지고 있다. 일명 '조화과'라고 할 수 있는 이 과에는 '착각', '위조'라는 뜻의 라틴어 시물라크룸Simulacrum에서 따온 시물라크라케Simulacraceae라는 이름이 붙었다. 시물라크라케과 식물들은 유전 물질을 몸에 담은 것도, 씨앗을 만드는 것도 아니건만 최근 들어 세계 곳곳으로 널리 퍼져 나가고 있는데, 확산의 기세가 가히 타의 추종을 불허한다. 기후나 서식지 등 그 어떤 환경 조건도 녀석들의 확산을 막을 수 없을 테니 단기간에 진짜 식물을 몰아내고 그 자리를 차지할 만도 하다. 시물라크라케과 식물들이 제일 좋아하는 장소는 인간들이 물을 잘 주지 않아서 건조하고 황폐한 곳(오락실이나 병원의 대기실), 창이 없어서 빛이 들어오지 않는 곳(지하철역이나 환기 장치가 달린 화장실), 흙이 없는 곳(회의실이나 자동차의 대시보드 위), 혹은 도시화가 너무 심해서 다른 종은 도저히 살 수 없는 황량한 생태계다. 어찌 보면 시물라크라케는 인간 세계에 적응한 식물의 최종 단계라 할 수 있겠다.

그런가 하면 녀석들은 놀랄 만큼 다양한 종을 자랑한다. 불과 몇 제곱미터의 공간만 있어도 최고 86종에 해당하는 180송이의 시물라크라케를 심을 수 있다. 마침내 사람들은 생물학의 가짜 라틴어 규칙에 따라 이것들을 분류하기 시작했고, 재료에 따라 이미 수십 가지의 속을 확정했다. 몇 가지만 예를 들자면 암석이 주재료인 그라니투스속^{Granitus}, 종이가 주재료인 파피로이디아속^{Papyroidia}, 천으로 만든 텍스틸레리아속^{Textileria}, 플라스틱으로 만든 플라스티쿠스속^{Plasticus}, 밀랍으로 만든 파라피누스속^{Paraffinus}과 유리로 만든 실리쿠스속^{Silicus} 등이 있다. 진짜 식물과 마찬가지로 시물라크라케과 식물 중에도 재료의 특성상 매우 특수한 틈새 환경에서만 자라는 희귀종이 있다. 접착테이프를 주재료로 사용해 백합과 비슷하게 만든 둑투사드헤시비아 릴리아$^{Ductusadhesivia lilia}$, 색색의 콘돔으로 아프리칸바이올렛을 형상화한 프로필락티카 세인트폴리아$^{Prophylactica saintpaulia}$가 그런 희귀종이다.

이렇듯 수많은 시물라크라케가 전 세계에서 대대적인 성공을 거둘 수 있었던 이유는 틸란드시아와 똑같이 생긴 플라스티쿠스 틸란드시아$^{Plasticus tillandsia}$처럼 실제 식물의 겉모습을 극사실적으로 모방하는 능력이 있기 때문이다. 제비꽃과 똑 닮은 플라스티쿠스 비올라$^{Plasticus viola}$, 진짜 장미와 구분하기 어려운 플라스티쿠스 로자$^{P. rosa}$를 비롯해 플라스티쿠스 스파툴리폴리움$^{P. spathulifolium}$, 플라스티쿠스 필로덴드론$^{P. philodendron}$도 마찬가지로 뛰어난 모방 능력을 과시하며 빛과 물이 없어도 오래오래 살면서 급속도로 진짜 관상용 식물들의 자리를 빼앗고 있다.

반대로 극단적 전문화로 살길을 찾은 종도 있다. 진짜 소나무와 똑같이 생기지는 않았지만 어쨌든 소나무를 흉내 낸 메탈리쿠스 피누스*Metallicus pinus*는 방송탑과 공생하는 척 위장하며 언덕의 생태적 지위를 파고든다. 축구장 같은 경기장에서 나날이 기세를 더해 가는 인공 잔디 플라스티쿠스 프라텐시스*Plasticus pratensis*도 빼놓을 수 없는 전문직 식물이다. 이렇게 하나둘 열거하다 보니 식물학에서는 가짜 라틴어를 지어내는 일도 꽤 진지한 작업인 것 같다.

겨울

식물은 세계 시민이다

열네 번째 산책

한때 이탈리아에서는 '콘티키Kon-Tiki'라는 이름이 대유행이었
는데, 얼마나 인기가 높았던지 피자집, 여행사, 리조트, 호텔에
까지 그 이름이 붙었다. 내가 살던 동네에서는 심지어 디스코텍
이름도 콘티키였다. 어쩌면 콘티기를 상호로 쓴 사람들은 토르
헤위에르달Thor Heyerdahl의 뗏목이 지방 소도시 사람들의 풀죽
은 마음에 모험, 도피, 이국의 분위기 같은 심상을 일깨워 주리
라 기대했던 게 아닐까?

노르웨이의 인류학자이자 탐험가인 헤위에르달은 폴리네시아(태평양 중·남부의 여러 섬) 사람이 동남아시아에서 이주해 왔다는 종래의 학설을 부정하고 폴리네시아 문화가 페루에서 발생했으며, 잉카인 또는 그들의 조상이 바다 건너 태평양의 섬으로 이주했다고 주장했다. 심지어 잉카인이 폴리네시아인과 무역을 했다고 주장하며 자신의 이론을 입증하고자 1947년에 뗏목 콘티키호를 타고 가상의 항로를 따라 태평양을 횡단했다. 하지만 태평양 횡단 여부가 그의 이론을 입증하는 증거가 될 수는 없었다. 20세기에 헤위에르달이 바다를 건넜으니 선사 시대의 조상들 역시 실제로 바다를 건넜을 거라고 결론 내릴 수는 없었기 때문이다.

헤위에르달이 모험을 마치고 수십 년의 세월이 흐른 지금, 우리는 뗏목보다 훨씬 발전한 기술로 콘티키호가 찾으려 했던 항로를 따라갈 수 있다. 또 다양한 연구 결과 덕분에 실제로 용감한 탐험가들이 여러 방향에서 태평양을 횡단했다는 사실도 잘 알고 있다. 그것도 크리스토퍼 콜럼버스Christopher Columbus가 나타나기 훨씬 이전부터 말이다. 어쨌거나 누군가 태평양을 건넜다는 사실은 폴리네시아인의 식습관과 농업, 남아메리카의 가축 사육 등에 꾸준히 영향을 미친 것으로 보인다. 콜럼버스가 남아메리카에 도착하기 훨씬 전부터 누군가 서쪽에서 칠레로 닭을 가져왔다는 연구 결과도 있다.

그런 증거들 가운데 가장 우아한 마지막 증거는 모양과 크기, 색깔이 다른 수백 가지 변종을 거느린 고구마*Ipomoea batatas*다. 고구마는 우리 식탁에도 자주 오르는 작물이며, 가만히 내버려 두어도 싹이 잘 트는 특징 덕분에 물과 함께 유리 화병에 넣어 두기만 해도 잘 자란다.

네가 누군지 나는 알지

유럽과 미국 등 영어권 나라에서는 고구마를 'sweet potato', 즉 '단 감자'라고 부른다. 식물학의 관점으로 보면 감자와 고구마는 전혀 공통점이 없지만, 고구마를 익히면 감자보다 단맛이 강하므로 그냥 이렇게 부른다. 굳이 공통점을 찾자면 고구마도 감자처럼 아메리카 대륙이 원산지다. 선사 시대에 아메리카의 두 지역에서 동시에 그러나 별도로 고구마를 재배하기 시작했다. 그 두 지역의 농민들이 따로따로 고구마의 활용 가능성을 깨달은 것이다.

시간이 흐르면서 사람들은 고구마의 품종을 개량하기 시작했고, 고구마는 차츰차츰 부피가 커지고 맛도 좋아졌으며 영양가도 높아졌다. 지금 멕시코가 있는 지역에서 카모테Camote라는 이름의 품종이 탄생했고, 안데스에서는 쿠마라Kumara라는 품종이 자리를 잡았다. 세 번째 품종인 바타타^{Batata}는 스페인 사람들이 신대륙에서 발견해 스페인으로 가져왔고, 카리브해 지역에서 집중적으로 개량해 만든 품종이다. 유럽에서 소비하는 고구마는 주로 세 번째 갈래 바타타의 후손들이다. 이것들이 나중에 대량으로 유럽에 들어왔기 때문이다.

무슨 작물이건 인간의 손을 거치다 보면 유전 물질이 달라지기 마련이어서 원래의 종은 모양과 특징이 지금과는 전혀 다르다. 유전 물질의 변천 과정은 현재의 개체군을 분석함으로써 역추적할 수 있다. 실제 재배 과정에서 DNA의 어떤 부분이 달라졌는지, 인간이 불러일으킨 변화 중 인지 가능한 특징은 어떤 것인지 알아낼 수 있다는 얘기다. 연구 대상을 충분히 늘리면 시간 순서를 재구성해 일종의 계보를 작성할 수도 있다. 인간이 작물에 남긴 흔적에서 출발해 그것이 원래 있던 자리를 되짚어가는 식물의 시간 여행인 셈이다.

남아메리카 고구마의 경우 이 같은 유전자 연대기의 재구성이 이미 완료되었다. 현재의 표본은 물론이고, 18세기에 영국의 탐험가 제임스 쿡^{James Cook}이 1차 탐험 기간에 오세아니아에서 만든 식물 표본을 비롯한 과거의 표본들까지 모두 연구한 끝에, 유전자 차이에서 얻은 실마리를 이용해 고구마의 세계 일주 지도를 완성한 것이다. 그 지도를 보면 바타타의 고향은 중앙아메리카이고, 16세기에 유럽으로 넘어왔으며, 17세기와 18세기에

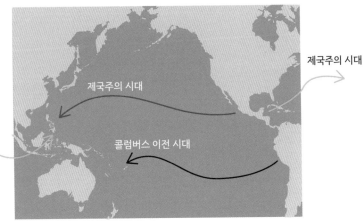

콜럼버스의 신대륙 발견 이전과 이후, 고구마의 여행

다시 스페인과 영국의 갈레온선^{galleon*}에 올라 인도네시아 쪽으로 실려 갔음을 알 수 있다. 카모테 품종은 16세기에 멕시코를 떠나 필리핀으로 넘어갔고 그곳에서 아시아 전역으로 퍼져 나가 결국 폴리네시아까지 당도했다는 사실도 밝혀졌다.

하지만 태평양 군도에 이르면 고구마의 여행 지도가 조금 복잡해진다. 필리핀에서 출발한 고구마들과 일치하지 않는 역사적 사실들이 있고, 유전자에도 필리핀 고구마들과 일치하지 않는 물질이 담겨 있기 때문이다. 한 예로 뉴기니와 다른 섬들에

---

* 16세기 초에 등장한 3~4층 갑판의 대형 범선. 원래 군함이었으나 상선으로도 사용했다. 스페인이 처음 개발했는데 성능이 뛰어나 포르투갈을 비롯한 여러 나라가 모방했다.

서 재배하는 고구마의 유전 물질 일부에 쿠마라 품종의 흔적이 남아 있었다. 이 흔적은 제임스 쿡이 18세기 중엽에 수집한 표본들에서도 발견할 수 있고, 또 다른 고고학 발굴물에도 남아 있다. 유전자 변화의 시점만 생각한다면 쿠마라 품종 고구마가 페루 해안을 출발해서 폴리네시아의 섬에 도착한 시기는 1200년 무렵으로 추정된다. 콜럼버스가 신세계에 발을 들여놓기 300년도 더 전이니 유럽과 접촉하려면 아직 한참 남은 때다. 최초의 페루 변종, 그러니까 쿠마라의 후손들은 훗날 수확량을 늘리려는 인간의 노력 탓에 북쪽이나 서쪽에서 몰려온 필리핀 카모테의 후손들과 영국에서 건너온 바타타의 후손들로 대체되거나 그것들과 교배되었다.

식물은 민족주의를 모른다

인간이 관상용이나 식용으로 재배하는 식물에 관한 이런 재미난 연구들은 특정 자료를 공개하는 차원에서 그치지 않고 학문과 역사를 우리의 일상과 연계하려는 이런저런 고민을 부추긴다. '식물의 조국'이라는 주제도 그런 고민 가운데 하나일 것이다. 모든 식물이 그렇듯 아메리카 대륙의 고구마는 조국이 없다. 우리 인간들은 식물마저 낡은 국수주의에 이용하려고 용을 쓰지만 안타깝게도 식물은 애국심이니 민족주의니 하는 말을 모른다. 고구마 역시 어떤 깃발이 나부끼는지 상관하지 않고 그저 기후와 토양이 허락하는 곳이면 어디서나 잘 자란다.

특히 인간이 재배하는 식물에 대해서라면 국경, 대륙, 섬 같은 단어는 중요하지 않다. 인간은 이용할 가치가 있거나 보기에 좋은 식물을 지구 이편에서 저편으로 실어 나르는 데 일가견이 있는 족속들이니 말이다. 그러니 식물에 지리적, 정치적 소속을 부여하려는 짓은 식물의 특성을 누군가의 깃발에 이용하려는 인간의 욕심이 낳은 부당한 처사다.

식물의 세계화는 우리가 생각하는 것보다 훨씬 일찍부터 시작되었다. 두 번에 걸친 고구마의 세계 일주 역시 그 사실을 입증하는 뚜렷한 증거다. 고구마는 가는 곳마다 환영받았다. 세계 어디서나 고구마를 처음 만난 농부들은 전통 작물보다 우수한 고구마의 장점을 단번에 알아보았다. 그래서 폴리네시아를 비롯해 수많은 지역에서 자기들이 기르던 고구마를 버리고 남들이 가져온 새 품종을 심었다. 수확량도 더 많고 품질도 더 우수했기 때문이다.

얼핏 생각하기에 농업을 기틀로 삼은 전통문화는 고리타분하고 경직돼 있다는 느낌이 든다. 하지만 이는 고정 관념일 뿐, 실제로 이러한 문화는 우리 생각보다 훨씬 역동적이고 개방적이었다. 특히 어떤 혁신을 통해 이득을 볼 가능성이 클 때, 조상들은 망설이지 않고 새로운 것을 받아들였다. 폴리네시아 농부들 역시 남의 고구마를 흔쾌히 받아들여 자신들의 밭에 심었다. 그 어떤 편견에도 휘둘리지 않고 가시적인 이익만을 기준으로 판 단했다. 이런 식으로 작물의 다양성을 높일 수 있었다. 지금 우 리가 '전통 작물'이라고 생각하는 변종들 역시 알고 보면 콘티키 호에 실려 밖에서 들어온 혁신을 수용한 결과물이다.

종자 도서관을 지키자

인간 세계에서 식물의 다양성을 추구하는 방식은 어찌 보면 책의 경우와 비슷하다. 지금 씨앗 봉지를 보관한 상자를 보고 있으니 더욱 그런 생각이 든다. 새로운 책과 새로운 품종, 둘 다 인간의 이성과 창의력이 문화, 유행, 욕망, 감각 등의 요소와 힘을 합쳐 만들어 낸 작품이다. 그래서 시장에 나오자마자 폭발적 인기를 누리고 불멸의 베스트셀러가 되어 오래오래 유통되는 녀석들이 적잖이 나오기 마련이다. 물론 한순간 유행을 휩쓸다가도 소리소문없이 사라지기도 한다. 녀석들은 잘못이 없다. 그저 눈으로 또는 입으로 그것을 즐길 인간의 욕구와 입맛이 변했을 뿐이다. 그래도 간혹 아주 특별한 책이나 품종은 숭배의 대상이 되어 문학 모임이나 종자 교환 모임에서 소수의 마니아에게 오래 추앙받기도 한다.

절판된 책을 읽고 싶으면 중고 책방을 뒤져 보거나 도서관에 가서 빌리면 된다. 동네 도서관이나 국립 도서관에 가면 당연히 책이 많겠지만, 국제적으로 유명한 런던의 영국 국립 도서관과 파리의 프랑스 국립 도서관은 실로 세계에서 출간된 모든 책을 한곳에 모아 영원히 보관할 것 같은 기세다. 단행본뿐 아니라 잡지와 신문, 그 밖의 온갖 문자 기록들이 다 보관되어 있다. 이런 기관이 있기에 우리가 찾던 책이 서점 서가에서 사라져도 충격이 덜하고, 서점의 '책 다양성'이 감소한다며 소리 높여 한탄하지 않아도 된다.

농업 다양성 분야에서는 '종자 도서관'이라고도 부르는 '종자 은행'과 비공식 네트워크인 '종자 구조대Seed Saver'가 도서관과 문학 모임의 역할을 맡고 있다. 이 기관들이 인간이 만든 수많은 변종의 씨앗을 보관했다가 필요한 사람에게 제공하기 때문이다. 다행히도 이 분야에서는 공공 기관과 비공식 조직이 갈등 없이 서로 협력한다. 종자 구조대의 사회적 활동 방식과 종자 도서관의 기술적이고 조직적인 접근 방식이 대립하지 않기 때문이다. 무엇보다 두 기관 모두 농작물의 생물학적 다양성을 잃어버릴 위험에 대해 한목소리를 내고 있어서 협력의 고리가 단단하다. 농작물이 생물학적 다양성을 잃어버린다는 얘기는 단순히 상업적으로 유통되는 종의 수가 감소한다는 것이 아니라 농부들이 사용할 수 있는 대체 불가능한 자원이 사라져 간다는 의미다. 모두가 유행을 좇아 단일 품종만 재배하는 현상은 인간에게도 자연에도 이롭지 않다.

만약 종자 도서관이 파괴된다면 정말 상상만 해도 무서운 일이 일어날 것이다. 종자 도서관을 파괴하는 것은 전쟁이나 자연재해 같은 재난 상황만이 아니다. 사람들의 무관심과 재정 부족과 같은 현실적인 문제로도 얼마든지 문을 닫을 수 있다. 또 비공식 네트워크란 것이 언젠가는 지나갈 열정의 결과물이니만큼 종자 구조대가 서 있는 기반 역시 위태롭기는 마찬가지다. 종자 도서관과 종자 구조대를 지키고, 농작물의 생물학적 다양성을 지킬 가장 좋은 방법은 우리의 관심과 의지다.

겨울

암그루였다가 수그루였다가, 성을 바꾸는 식물

열다섯 번째 산책

이미지 관리에 힘쓰는 정원의 주인답게 우리 할아버지는 언제나 정원 문을 활짝 열어 두고서 누구든 반가이 맞이했다. 특히 할 일이 없는 겨울에는 어떤 손님이 찾아와도 두 팔 벌려 환영했다. 주로 할아버지 친구들이 무료한 시간을 보내려고 많이들 오셔서 오후 내내 이야기꽃을 피웠다. 그중 한 분은 늘 같은 말을 되풀이하셨다. "식물은 악마야." 식물은 복잡하고 예측 불가능하며 인간의 바람을 외면할 때도 많아서 짜증이 나는데, 바로 그 짜증스러움을 '악마'라는 한마디로 일축해 버린 것이다.

그러면서 자신의 논리를 입증하기 위해 250년 넘게 공원의 언덕에 서서 우아한 자태를 뽐내던 은행나무를 예로 들었다. 분명 수그루였던 녀석이 어느 날 능청스럽게 성을 바꾸어 버렸기 때문이다. 가지 몇 개가 암그루인 양 고약한 냄새로 악명 높은 열매를 총총 매달기 시작한 것이다. 녀석의 이런 행동은 적잖이 문제를 일으켰는데, 특히 공원 관리인이 골머리를 앓았다. 미국의 여러 도시에서는 은행나무가 그런 식으로 변덕을 부리면 무조건 베어 버린다. 품위를 지키기 위해서다. 도덕적 품위가 아니라 도시의 품위 말이다. 은행 열매는 주렁주렁 많이도 열리는데, 땅에 떨어져서 터지면 토사물 냄새 비슷한 악취를 풍긴다. 게다가 공원의 미관을 해칠뿐더러 미끈거려서 방문객들이 밟고 넘어질 수도 있다. 이런 까닭으로 은행나무는 수그루가 암그루보다 심미적으로 더 높은 점수를 받는 예외적인 식물이다.

할아버지와 친구분이 은행나무에 관해 심도 있는 토론을 마친 후 내놓은 성전환의 이유는 실로 간단했다. 원래 암그루였던 나무에 오래전에 수그루를 접목했는데 어느 시점부터 암그루 뿌리가 다시 우위를 장악해 수그루를 몰아내 버렸다는 것이다. 딱히 반박할 증거를 찾지 못했으니 아마 두 분의 추측이 맞았을 것이다. 적어도 그 은행나무에 관해서는 말이다.

암수딴그루 식물의 가족 관계

인간과 식물은 둘 다 특이한 짓을 많이 하지만 모양과 성의 다양성에 관한 일이라면 우리 초록 친구들이 가히 타의 추종을 불허할 것이다. 다른 건 몰라도 이것 하나만은 확실하다. 심리적, 사회적, 문화적 관념이 없는 식물 세계에서도 섹스는 복잡한 문제라는 사실. 식물들이 페이스북 프로필을 작성한다면 아마 '결혼/연애 상태' 칸에 '상당히 복잡함'이라고 써넣을 것이다. 할아버지들이 질색하시던 대로 식물은 천연덕스럽게 성을 바꿀 수 있으니까. 심지어 인간이 애써 접붙이기를 해 주지 않아도 식물은 스스로 성을 바꾸었다가 다시 원래 성으로 돌아갈 수 있다.

식물 중에는 동물과 비슷하게 수컷 개체와 암컷 개체가 따로 존재하는 종이 있다. 삼나무*Cryptomeria*, 은행나무, 사시나무 같은 것들인데, 암수가 따로 사는 이런 식물을 '암수딴그루'라고 부른다. 또 암꽃과 수꽃이 같은 나무에서 따로 사는 종도 있다. 옥수수가 대표적이며, 암수가 한집에서 같이 산다는 뜻으로 '암수한그루'라고 부른다. 마지막으로 완벽한 '암수한몸', 즉 양성 식물이 있다. 한 꽃봉오리 안에 암술과 수술이 모두 갖추어져 암꽃과 수꽃의 구별이 없는 일반적인 꽃들이 바로 암수한몸이다. 이런 꽃을 '양성화'라고 한다.

그런데 같은 종이면서 개체에 따라 수그루, 암그루, 양성이 다

있고, 나아가 가지에 단성화(한 꽃 안에 수술 또는 암술만 있는 꽃)와 양성화를 같이 매단 개체까지 있다면 어떨까? 뭐가 뭔지 정말로 머리가 빙빙 돌 지경이 될 것이다. 그런 식물이 정말 있을까? 있다! 우리 할아버지가 자주 심고 즐겨 드셨던 멜론*Cucumis melo*을 예로 들어 보겠다. 녀석들 가운데는 암꽃과 수꽃을 따로 피우는데 수꽃은 많이, 암꽃은 적게 피우는 개체가 있는가 하면, 수꽃을 많이 피우면서 더러 양성화도 같이 피우는 개체가 있고, 양성화만 피우는 개체가 있는가 하면, 암꽃만 피우는 개체도 있다. 그러나 수꽃만 피우는 개체는 없다. 이 정도에서 그치지 않고 훨씬 더 정신 사나운 식물도 있으니, 파파야*Carica papaya*는 암수 결합 방식이 최고 30가지나 확인됐다.

이 혼란을 정리하려면 일단 식물의 성전환이 정확히 어떤 현상인지 정의할 필요가 있다. 식물의 성전환은 한 개체가 정해진 규칙 없이 올해는 수꽃을 피워 꽃가루를 생산했다가 내년에는 암꽃을 피워 밑씨를 생산하는 식으로 성을 바꿀 수 있는 경우에만 해당하는 말이다. 이렇게 범위를 한정하는 이유는 같은 개체에서 암꽃과 수꽃이 순서를 정해서 번갈아 피는 경우도 있기 때문이다. 가령 해마다 봄에서 여름으로 넘어가는 시기에 일정한 시간 간격을 두고 암꽃과 수꽃이 번갈아 피는 식이다. 이렇게 규칙적으로 돌아가는 체계적 변화는 성전환으로 보지 않고 '교대성 암수한몸'이라고 부른다.

식물의 성에 관해 꽃가루받이의 다양한 기현상까지 일일이 소개한다면 실로 인간의 윤리 의식을 위협하는 크나큰 도전이 될 것이다. 알다시피 수많은 양성화가 제꽃가루받이를 할 수 있다. 인간의 언어로 말하자면 자기 식구끼리 결혼해 후손을 낳는 셈이다. 하지만 많은 종이 제꽃가루받이를 피하려고 기계적, 시간적, 공간적 노력을 기울여 변칙 행위를 하는데, 이 역시 인간의 잣대를 들이대기에는 아무래도 무리가 있다. 겉보기에는 한 꽃 안에 암술과 수술이 모두 있어서 양성화인 것 같지만, 알고 보면 꽃가루가 제구실을 전혀 못 하는 개체도 많다. 외모는 양성인데 기능적으로는 암꽃인 것이다.

자연계에서 암수가 떨어져 존재하는 암수딴그루 시스템은 동물 세계에서는 흔하지만, 식물의 왕국에서는 드문 현상이다. 그런데도 지금 우리가 그런 녀석들에게 특별한 관심을 기울이는 이유는 때마침 은행나무 이야기가 나오기도 했거니와 성전환을 일삼는 식물 대부분이 암수딴그루 식물이기 때문이다. 암수딴그루 식물은 전체 식물의 7%밖에 안 된다. 이 중에서 약 100종이 실제로 해마다 즉흥적으로 성을 바꿀 수 있다. 이들 무리에서는 성별이란 것이 처음부터 딱 정해진 불변의 특성이 아니라 가변적이고 선택적인 사항이다. 어떤 개체가 태어날 때는 수그루였는데 암꽃만 피울 수도 있고, 반대로 암그루로 태어나서 꽃가루만 만들 수도 있다. 더구나 이런 과정을 평생 양방향으로

수그루　　　암그루

암수딴그루　　　암수한몸　　　암수한그루

식물의 성

여러 번 되풀이할 수 있고, 심지어 도중에 양성으로 존재하는 기간을 끼워 넣을 수도 있다. 즉, 잠재적으로는 양성인데 성장 환경에 따라 성을 바꾸는 것이다.

인간은 특정 유전자에 따라 성이 결정되어 평생 그 성으로 살아야 하지만(바꿀 수는 있지만 쉬운 일이 아니다), 이 특수한 식물 집단에는 성이 고정값이라기보다 하나의 변수에 불과하다. 유전자 조합만으로는 거친 세상을 무사히 헤쳐 나갈 수 없기 때문이다. 식물은 한 자리에 붙박여 살아야 하는 만큼 실제 성장 환경에 얼마나 유연하게 대응하는지가 엄청나게 큰 역할을 한다. 따라서 식물의 성전환 현상은 그저 변덕스러운 짓이 아니라 생존 가능성을 높이는 유리한 선택지 가운데 하나다.

가족 관계가 복잡한 식물의 유전자에는 암그루 혹은 수그루 혹은 양성이 될 가능성이 다 담겨 있다. 거기에 특정 환경 조건이 더해지면 어떤 종류의 생식 기관이 만들어질지 결정된다. 환경의 영향력이 이토록 지대하니 어쩌면 이 녀석들이야말로 섹스(sex, 생물학적 의미의 성)와 젠더(gender, 사회적인 의미의 성별)를 확실히 구분해야 할지도 모르겠다.

이유 없는 변덕은 없다

식물의 성전환 뒤편에는 번식에 가장 유리하고 자손이 잘 자랄 수 있는 환경을 찾으려는 노력이 숨어 있다. 암그루와 수그루가 쓰는 생활 비용이 다르므로 자산이 얼마나 되느냐에 따라서 유리한 성을 택하는 것이다.

대표적인 식물이 잎이 세 개인 미국천남성*Arisaema triphyllum*이다. 얼핏 보면 파우스트가 영혼을 팔았던 악마 메피스토펠레스처럼 생긴 식물인데, 커다란 꽃이 쓰고 있는 자주색 모자 끝부분이 아래로 축 처져서 식물 전체에 어둡고 비밀스러운 분위기를 선사한다. 그런데도 관상용으로 널리 사랑받고 있으니 아름다움의 기준이란 한마디로 정의할 수 없는 것이 분명하다. 미국천남성은 이랬다저랬다 성을 자주 바꿈으로써 죽 끓듯 하는 변덕을 세계만방에 과시한다. 원래는 여느 암수딴그루 식물처럼 수꽃만 피우거나 암꽃만 피우지만, 녀석이 마음만 먹으면 해마다 성을 바꿀 수 있다. 그 역학을 이해하자면 뿌리를 뽑아서 밑동을 들여다봐야 한다. 미국천남성은 땅속 밑둥치에 자원을 저장해 두고 윗부분을 키우는데, 해마다 봄이면 땅 위로 돋아나는 초록 부분 전체를 새로 만든다. 이때 전체적인 프로그래밍을 새로 하면서 그해의 환경에 적응하기 좋은 성을 결정한다.

연구자들은 미국천남성이 이처럼 유연하게 행동하는 이유를 밝히기 위해 암그루의 땅속 밑둥치를 몇 차례에 걸쳐 조금씩 잘라 내는 실험을 진행했다. 작은 상처가 생겼을 때 녀석은 암꽃에 추가로 수꽃을 피웠다. 하지만 상처가 커지자 수꽃만 피웠고, 거기서 상처가 더 커지면 아예 꽃을 피우지 않았다. 그 후 몇년 동안은 뿌리에 자원을 저장하는 일에만 힘쓰다가 앞의 과정을 거꾸로 진행해 결국 다시 완전히 암꽃만 피우는 상태로 돌아갔다. 즉, 수꽃만 피우다가 수꽃과 함께 암꽃을 피우기 시작하고, 자원이 충분히 모이면 다시 암꽃만 피우는 것이다. 한마디로 미국천남성은 모두 잠재적으로 암그루이자 수그루이며, 해마다 번식에 유리한 쪽으로 성을 택하는 것이다.

실험에서는 식물의 밑동을 잘라 자원이 부족한 상황을 인위적으로 만들었는데, 이를 현실에 빗대면 광합성을 제대로 못 해서 전분이 부족해진 흉작의 해에 해당할 것이다. 숲에서 자라는 식물은 물론이고 정원이나 온실에서 자라는 식물들에서도 같은 현상을 목격할 수 있다. 풍년이 들어 곳간에 양식이 두둑할 때는 이듬해 봄에 수그루들이 암꽃을 피우지만, 반대로 흉년이 들면 이듬해 봄에 암그루들이 수꽃을 피운다. 대기의 이산화탄소 농도가 짙어져도 암꽃이 많이 핀다. 이산화탄소가 식물의 양분이기 때문이다.

하지만 늘 그렇듯 자연은 인간이 만든 이론을 반박하면서 악마 같은 성격을 드러내는 몇 가지 예외 현상을 준비해 두고 있다. 일본홍시닥나무*Acer rufinerve*는 앞서 설명한 순서와 반대로 성별을 바꾸는 성향이 있다. 그러니까 힘이 최고조에 달한 나무가 아니라 병이 들거나 나이가 많이 들어 이제 곧 죽을 나무들이 암꽃을 피우는 것이다. 아마 자기가 오래오래 잘 살았던 좋은 자리를 후손에게 물려주고 죽음을 맞이하기 위해서가 아닐까 싶다.

식물은 한 번 뿌리를 내리면 거기서 건강하게 잘 자라거나 아니면 고랑고랑 시들어갈 수밖에 없다. 환경을 바꿀 기회는 꽃가루나 씨앗의 모습으로 그곳을 떠날 때뿐이다. 따라서 성전환 능력은 떠나지 못하는 식물이 환경에 적응해 살아가는 데 큰 도움이 된다. 서식지의 환경 조건이 구역에 따라 편차가 심할 경우에도 이 방법을 이용하면 큰 효과를 거둘 수 있다. 물론 편차라고 해서 천당과 지옥만큼 큰 차이가 있는 것은 아니다. 하지만 이쪽보다 저쪽이 조금 더 그늘지는 정도만으로도 식물의 생장에는 큰 영향을 줄 수 있다.

시크노케스속*Cycnoches*의 난초 몇 종과 도랑이나 밭 가장자리에서 흔히 볼 수 있는 속새속*Equisetum*의 풀들 역시 성을 바꿀 줄 안다. 녀석들은 양성이나 암수딴그루 식물처럼 행동하는데, 후자의 경우 더 자주 성을 바꾼다. 식물이 성전환을 결정하는 데는 특히 빛이 중요하다. 그늘진 곳에 있던 식물을 빛이 많이 드는 곳으로 옮겨 주면 그동안 수꽃만 피우던 녀석이 곧바로 암꽃도 피우거나 암꽃만 피운다. 숲에는 그늘이 많아서 숲에 사는 개체들은 대부분 수그루다. 하지만 태풍에 주변 나무가 쓰러지거나 벌목을 해서 빛이 환하게 들어오면 곧바로 암그루가 된다.

요약하자면 살기 힘든 환경에서는 번식보다 생존이 먼저인만큼 수그루의 비율이 높아지고, 상황이 좋은 곳에서는 번식에 최선을 다하기 위해 암그루의 비율을 높이는 것이다. 앞서 할아버지 친구분이 추측한 접붙이기 이론을 잠시 잊는다면 언덕 위의 그 악마 같은 은행나무도 공원이 너무 살기 편하다 보니 암그루가 되기로 마음을 먹었을지 모른다.

암수딴그루 식물 가운데 성을 바꾸는 개체의 비율은 엄청나다. 예를 들어 향나무*Juniperus chinensis* 숲에서는 5년 안에 한 번 성을 바꾼 개체의 비율이 7~25%로 확인됐고, 인삼속에 속하는 삼엽삼*Panax trifolius*[*] 개체군에서는 1년 안에 35% 이상이 단성 식물에서 양성 식물로 변하며, 4년이 지나면 그 비율이 83%로 치솟는다. 절반 이상이 한 번 이상 성을 바꾸는 것이다.

이보다 더한 강적도 있다. 할아버지가 나더러 뽑아 버리라고 하셨던 갯는쟁이속*Atriplex* 풀들이다. 이 잡초는 물이나 양분, 빛이 부족하거나 온도가 너무 높거나 낮아서 상황이 나쁘면 암그루 개체가 이듬해에 수꽃을 와르르 피운다. 이런 전략에는 좋은 점이 하나 더 있다. 꽃가루는 살기 고달픈 지금 이곳을 떠나 멀리 떨어진 땅의 암꽃에 가 닿을 수 있다. 강 건너로 훨훨 날아가 후손들에게 젖과 꿀이 흐르는 땅을 선사할 수 있는 것이다.

성전환에서 나이는 숫자일 뿐

식물은 살기 위해, 자존을 퍼뜨리기 위해 각고의 노력을 기울이고 있지만, 성장 속도가 워낙 느리다 보니 우리는 그런 현상들을 잘 알아차리지 못한다. 이름만 들으면 정말 이국적인 분위기를 풍기지만 알고 보면 오이의 친척인 구라니아*Gurania*와 프시

---

[*]   종명 trifolius에 '세 장의 잎'이라는 뜻이 담겨 있다. '삼엽삼'이라고 부르기는 하나 국가생물종지식정보시스템에 등록된 이름은 아니다.

구리아^{Psiguria} 같은 열대 덩굴 식물 몇 종은 15년 이상 관찰해야 겨우 속을 꿰뚫어 볼 수 있다. 오랫동안 사람들은 이 종이 암수딴그루인 줄 알았다. 정글에서 항상 그런 모습으로 등장했기 때문이다. 그런데 언젠가 이 덩굴 식물들이 어릴 때는 전부 수그루라는 사실이 확인됐다. 그러다가 온실에서 곱게 보살핌을 받거나 줄기의 지름이 일정 정도에 도달하면 열 살 무렵부터 암꽃도 동시에 피워서 암수한그루 식물처럼 행동한다. 하지만 주변 환경이 조금이라도 다시 나빠지면 녀석은 원래대로 수그루로 돌아간다.

이보다 더 나이가 들어야 그런 현상을 보이는 종도 있다. 스코틀랜드의 작은 마을 포틴갈에 사는 할아버지 서양주목^{Taxus} ^{baccata} 한 그루가 얼마 전에 암그루처럼 예쁜 빨강 씨앗 주머니를 만들기 시작했다. 무려 300살이신데 말이다.

이런 현상은 오랫동안 식물에 일종의 성전환 연대기가 존재한다는 이론을 뒷받침했다. 그래서 학자들은 젊을 때는 수그루였다가 일정한 나이가 되면 암그루로 변하는 종이 있다고 생각했다. 식물의 성전환이 나이의 문제가 아니라 크기, 즉 영양 상태의 문제라는 사실이 밝혀진 것은 훨씬 훗날의 일이다. 이는 특정 종의 암그루 개체를 이용한 복제 실험을 통해서도 입증되었다. 결과는 예상대로였다. 모든 개체를 수그루로 바꾸었는데도 환경에 따라 특정 시점부터 암그루처럼 행동한 것이다. 폴리네시아에 살며 지금까지 자연에서 볼 수 있는 종자식물 중 가장 오래된 것으로 알려진 털암보렐라*Amborella trichopoda*[*]의 가지 몇 개를 꺾어 관찰해 보면 그 사실을 확인할 수 있다. 처음의 성별과 관계없이 이제 막 성장을 시작한 가지는 전부 수꽃만 피운다. 그렇게 2~3년 동안 자라 영양 상태가 좋아지면 그중 몇 개가 암꽃을 피우기 시작한다.

성을 바꾸는 식물 중에서도 나무는 부위별로 따로 성을 바꿀 수 있다. 식물에는 사람의 뇌처럼 외부 자극을 처리하는 중앙 시스템이 없으므로 부위별 반응 메커니즘을 발달시켰고, 이것이 성을 바꾸는 데도 적용되기 때문이다. 그래서 어떤 나무는 수그루를 접붙이지 않아도 암그루의 가지 일부에 수꽃이 필 수 있다. 앞서 소개했던 일본홍시닥나무가 그러하고, 스코틀랜드의 할아버지 서양주목도 마찬가지다. 제일 먼저 소개했던 우리의 은행나무도 그런 것인지 누가 알겠는가.

---

[*]　종명 trichopoda가 '털이 있다'는 뜻이다. 털암보렐라는 암보렐라속에 속하는 유일한 종이다.

고사리의 모권사회

실고사리의 학명은 리고디움 야포니쿰*Lygodium japonicum*이다. 뭔가 일본과 관련 있을 것 같다는 추측 이외에는 별다른 정보를 제공하지 않는 이름이다. 하지만 눈을 가늘게 뜨고 자세히 관찰해 보면 녀석이 관상용으로 유럽과 남아메리카로 수입되었는데, 종종 정원을 탈출해 자연으로 도망치곤 했던 아시아의 고사리라는 사실을 알 수 있다. 그렇게 실고사리는 드높은 개척 정신과 뛰어난 적응력을 발휘해 서양의 토종 식물을 괴롭히는 무법자 잡초로 거듭났다.

고사리는 종자식물들과 비교하면 원시적인 생물이지만, 그렇다고 해서 특정 지역에서 굳건히 터를 잡지 못한다는 뜻은 절대 아니다. 녀석들의 번식 메커니즘은 평범하다. 다만 사랑을 나누려면 습기가 필요해서 씨앗 대신 포자를 만든다. 또 생애 주기가 종자식물과 달라서 주변 공간을 쉽게 정복할 수 있는 대신, 멀리 떨어진 지역까지 진출하기에는 힘이 좀 달린다. 그렇지만 일단 적합한 장소에 정착하면 숲이나 습기 많은 바위틈에 작은 군생을 만들어 차츰차츰 퍼져 나간다.

이때 고사리는 그 땅에서 활용할 수 있는 자원의 양과 관계없이 이제 곧 탄생할 공동체의 유형에 따라 성별을 결정한다. 태어나는 순간

고사리는 수그루일 수도, 암그루일 수도, 양성일 수도 있다. 주변에 동료가 거의 없는 곳에서 태어난 고사리는 양성일 가능성이 가장 크다. 효율은 떨어지지만, 제꽃가루받이라도 해서 번식을 해야 하기 때문이다. 하지만 매사를 전부 그런 식의 가내 수공업으로 해결한다면 장기적으로 볼 때 전도유망한 유전자 혼합이 줄어들어 개체군 내의 생물학적 다양성이 증가하지 않는 부작용을 감수할 수밖에 없다. 다만 이 경우는 일단 수적으로 성장하고 보는 것이 다른 무엇보다 중요하므로 자가 수분을 택하는 것이다.

이와 달리 태어나 보니 주변에 동료 고사리들이 우글우글한 환경이라면 녀석들은 전혀 다른 선택을 한다. 짝지을 상대가 얼마든지 있으니 제대로 된 공동체를 한번 만들어 보자는 야심이 발동하는 것이다. 동료가 많은 집단에서 자라는 고사리는 정해진 도식에 따라 수그루나 암그루가 되는데, 이때 어린 암그루들이 주변 개체의 성을 통제한다. 갓 세상에 나온 암그루들은 분위기 파악을 마치자마자 곧장 지베렐린 gibberellin* 계통의 한 호르몬을 땅속으로 배출한다. 이 호르몬은 물에 잘 녹아서 어린 고사리의 가는 뿌리에도 쉽게 흡수된다. 호르몬을 배출한 개체 주변에 있다가 얼떨결에 이 물질을 흡수한 어린 개체들은

---

* 식물 호르몬의 하나. 고등 식물의 생장과 발아를 촉진하며, 농작물의 수확량을 늘리거나 품질을 개량할 때 이용한다.

성장 프로그램이 초기 상태로 돌아가 생존 필수 과정들을 다시 밟아 가는데, 이때 성별도 다시 결정된다. 한마디로 말하자면 이 물질이 주변 고사리들을 억지로 수그루로 만들어 버린다는 뜻이다. 단, 이미 성장한 개체는 이 호르몬의 영향을 전혀 받지 않는다. 성숙한 개체에는 지베렐린류 호르몬을 활성화하는 효소가 없기 때문이다.

주변 개체들을 모조리 수그루로 바꾸어 버린 어린 암그루는 대량으로 번식할 수 있는 확률을 최고치로 끌어올린 셈이다. 암그루 중심으로 뻗어 가는 고사리의 모권사회를 보며 여성은 약하다는 고정 관념은 어디에도 들어맞지 않는다는 사실을 새삼 깨닫는다. 특히나 식물의 왕국에서는 더더욱!

겨울

스모그를 헤치고 온
손님

열여섯 번째 산책

    회색빛 대도시에 걸려 있는 우리 집 발코니에는 로즈마리 덤불 하나가 은신하고 있다. 폐가 근처에서 발견해 집으로 데려온 녀석인데 생명력이 대단하다. 녀석의 어미 개체 역시 처음 봤을 때 몰골은 말이 아니었으나 생명력만큼은 대단했다. 녀석이 타고난 저항 정신을 발휘해 벽과 스모그와 콘크리트와 그늘과 나의 소홀한 보살핌을 잘 견디고 무럭무럭 자라 주니 얼마나 대견한지 모르겠다.

발코니를 어슬렁대며 로즈마리를 지켜보니 녀석은 이 따뜻한 겨울을 무척 즐기는 것 같다. 나는 봄이 찾아와 녀석이 온몸을 꽃으로 장식하고서 벌이 날아오기를 기다리는 그 순간을 상상한다. 평소에는 까칠하던 녀석도 꽃을 피우는 동안에는 넥타이를 살짝 풀고서 색깔과 냄새와 꿀과 꽃가루를 총동원해 손님 접대에 열을 올린다. 그 한 마리 꿀벌을 위해서 말이다. 작년에 유심히 관찰해 봤더니 확실했다. 재작년에 왔던 녀석이 또 온 것이었다. 벌은 매일 정각 오전 11시가 되면 나타나서 꽃들을 차례차례 체계적으로 훑으며 꿀을 먹은 뒤 어디 또 다른 곳에 맛난 꿀이 없나 살피러 날아갔다.

온 봄 내내 그 벌을 관찰하면서 나는 녀석이 어디서 왔는지, 매일매일 이 약속을 지키러 얼마나 멀리서 날아왔는지 궁금했다. 근처 성당이 양봉업자의 수호성인인 성 암브로시우스Saint Ambrosius에게 바친 성전이기는 하지만, 도심은 물론이고 이 도시 외곽에서도 벌통을 보기는 몹시 어렵다. 그러니 나는 이 벌이 고단하고 기나긴 여정 끝에 겨우 우리 집 로즈마리를 찾았다고 생각한다. 아니면 근처에 도시 양봉에 푹 빠진 이웃이 있어서 그 집 다락에 벌통 몇 개가 놓여 있을지도 모르겠다. 이렇게 생각하니 그 이웃도 감탄스럽지만, 나무와 오솔길과 숲속 빈터와는 전혀 다른 빌딩과 도로와 광장을 헤쳐 와야 했을 그 벌도 새삼 대단하게 느껴진다.

안개 자욱한 겨울날, 오가는 차도 없고 꽃도 없고 곤충도 없어 고요하기만 한 날, 나는 발코니에 서서 벌이 어떻게 우리 집 로즈마리를 발견했는지, 어떻게 매일매일 다시 찾아올 수 있는지 곰곰이 생각해 본다. 그 자그마한 벌이 우주만큼 까마득한 거리를 넘어 빼곡한 집들 한가운데 홀로 핀 이 작은 덤불을 어찌 찾아낼까? 색깔과 모양의 미로 한가운데서, 판단을 흐리게 하는 온갖 냄새의 바다를 건너 어떻게 이 식물을 찾아낼 수 있단 말인가? 무엇보다 도시 전체를 위협적으로 뒤덮은 이 스모그를 뚫고 과연 그 용감한 도시의 벌은 내년 봄에도 우리 집 로즈마리를 찾아올 수 있을까?

향기 나는 내비게이션

꽃과 꽃가루받이 곤충이 맺은 협약의 내용은 물어보지 않아도 뻔하다. 꽃이 갖가지 휘발성 물질로 곤충을 유혹하면 곤충은 꽃의 가루받이를 도와준다. 일반적으로 꽃향기의 역할은 곤충이 먼 거리에서 꽃을 찾게 도와주고, 가까이 왔을 땐 아직 꿀을 간직한 꽃을 찾도록 안내하는 것이다. 그리고 꽃잎의 화려한 색깔로 곤충의 착륙 과정을 돕는다. 이 모든 협약의 전제 조건은 '비용 대비 효율'이다. 투자 비용보다 수확이 크다면, 즉 노력보다 꿀을 더 많이 얻을 수 있다면 곤충은 식물이 원하는 대로 행동할 것이다. 그런데 곤충은 비용 대비 효율이 높은지 낮은지 어떻게 판단할까? 열쇠는 꽃향기다. 10여 가지 물질이 섞인 꽃향기는 꿀의 양에 따라 휘발되는 양이 달라진다. 곤충은 향기를 인식한 후 그것을 꿀의 양과 질을 나타내는 이미지로 바꾼다. 그 이미지가 기억에 저장되고, 벌은 곧장 친구들에게 날아가서 기억나는 대로 전달한다.

알려진 대로 그 향기가 아주 조금만 요동쳐도 곤충은 혼란에 빠져서 소식을 효율적으로 전달하지 못한다. 앞서도 말했듯 곤충은 후각적 신호를 일종의 이미지로 인식하고 저장한다. 신호의 개별 특성을 나누어 인식하지 못하고 통으로 인식하는 것이다. 따라서 꽃을 찾아가는 여정은 꽃향기를 내비게이션 삼아 달려가는 일종의 '기능 경기 대회'나 '장애물 경주 대회'와 같다. 향기가 보내는 유인 신호를 제대로 따라가야만 정해진 코스를 벗어나지 않고 목적지에 이를 수 있기 때문이다.

인간의 눈에는 보이지 않지만, 꽃가루받이를 도와줄 곤충을 기다리는 모든 꽃은 향기로운 가스의 행렬을 공기 중으로 흘려보낸다. 굴뚝이나 담배에서 피어오르는 연기의 향긋한 버전이라고 생각하면 될 것이다. 이 향기를 인식하는 곤충의 안테나는 극도로 예민해서 후각 수용기에 향기 분자 여섯 개만 내려앉아도 곧바로 감지할 수 있다. 곤충은 몇백 미터 밖에서도, 조건이 이상적일 때는 심지어 1km 밖에서도 그 신호를 인식할 수 있다. 그러니까 우리 집 로즈마리도 칙칙한 도시의 하늘을 향해 그런 연기를 뿜어냈고, 수색견처럼 그 냄새를 맡은 벌이 우리 집 발코니까지 쫓아왔을 수 있다. 여기까지 짐작했을 때, 마침 그때 지붕에 걸린 얇은 안개의 베일이 눈에 들어온다. 이어서 로즈마리를 차마 향신료로 쓰지 못하게 방해하려는 듯 잎새에 내려앉은 검댕도 보인다. 그러자 요 며칠 동안 교통 체증을 유발하고 사람들의 얼굴에 마스크를 씌워 새로운 패션을 창조한 이 스모그가 벌의 여정에도 크나큰 장애물일 수 있겠다는 걱정이 밀려온다.

정말 그렇다면 스모그가 향기 신호를 살짝만 가려 버려도 양쪽 모두에 큰 혼란이 일어날 것이다. 꿀벌이 로즈마리의 위치를 제대로 찾아 녀석의 부름에 응답하기까지 더 많이 헤매야 하는 것은 물론이거니와 향기의 흔적이 바뀌는 바람에 여기까지 왔던 길이 기억나지 않아서 돌아갈 때도 한참을 방황할 것이다. 결국 벌은 평소보다 더 큰 노력과 에너지를 쏟고도 들인 노력에 비해 적은 양의 꿀을 들고 집으로 돌아가게 될 것이다. 무엇보다 신호(후각적 이미지)를 긍정적 사건(꿀의 발견)과 연결하는 능력이 떨어질 테고, 그러면 다른 벌에게 꿀이 있는 장소를 알려 줄 수도 없을 것이므로 결국 무리 전체가 더 힘들게 꿀을 찾아 헤매야 할 것이다. 로즈마리도 좋을 것이 없다. 가루받이에 성공해서 열매를 맺을 가능성이 줄어들 테니 말이다. 특히 우리 집 로즈마리처럼 무리에서 멀리 떨어져 사는 식물은 그럴 위험이 더 크다. 이런 원거리 관계를 계속 이어가는 것이야말로 종의 생물학적 다양성을 보존할 가장 소중한 유전자 결합의 가능성일 텐데⋯⋯.

안타깝게도 이런 생각은 추측으로 끝나지 않는다. 스모그는 실제로 꽃과 곤충의 소통을 방해하는 못된 훼방꾼이다. 꽃이 내보내는 휘발성 물질의 상당 부분이 스모그로 인해 목적도 이루지 못한 채 분해되고 만다. 단순히 스모그가 꽃향기를 뒤덮어 곤충을 혼란에 빠뜨리는 수준으로 끝나는 게 아니다. 건물의 난방 시설이나 차량이 내뿜는 배기가스는 얇은 막처럼 꽃향기를 뒤덮는 것이 아니라 돌이킬 수 없도록 향기 물질을 완전히 분해해 버린다.

화학 반응이란 액체를 섞고 색깔 소금을 시험관에 넣어 용해 과정을 지켜보는 실험실에서만 일어나는 현상이 아니다. 우리가 들이마시고 곤충이 킁킁대는 공기 중의 물질 사이에서도 화학 반응은 일어난다. 연구 결과를 보면 꽃향기가 일반적인 스모그의 두 가지 성분인 산화질소와 오존을 만나면 향기 물질 중에서도 가장 멀리까지 퍼져 나가는 몇 가지 성분이 완전히 분해된다고 한다. 흔적도 없이 사라져 버리는 것이다. 곤충을 꽃가루받이에 활용하는 식물의 3분의 2가량이 β-오시멘, 리날로올,

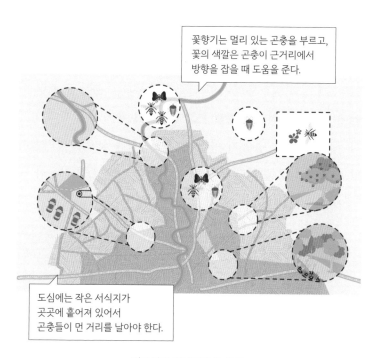

대도시의 꽃가루받이 곤충

미르센, β-카리오필렌, 테르핀 같은 화학 물질을 유인 신호로 사용한다. 이 물질들은 페닐아세트알데히드와 같은 수백 가지 물질과 천차만별의 비율로 섞인다. 그런데 이 물질 중 절반가량이 디젤 엔진 배기가스와 닿으면 사라지거나 급감한다. 심지어 파르네센 같은 중요한 물질이 유해 가스에 닿자마자 1분 만에 완전히 사라져 버린다.

금어초*Antirrhinum majus*, 양배추, 딱정벌레, 벌 등 여러 종의 꽃과 곤충을 실험실과 야외에 두고서 향기 물질의 가장 흔한 성분을 살피고 특정 스모그 성분의 영향을 측정하는 실험을 한 적이 있다. 그 결과 질소를 함유한 연소 잔재물과 오존이 불과 몇 초 안에 휘발성 물질을 분해해 곤충들이 꽃을 찾지 못하게 해 버렸다. 꽃이 있어도 '냄새'가 나지 않자 곤충들은 꽃으로 달려들지 않고 계속 신호를 찾아 헤매며 먼 거리를 날았고, 그러느라 들인 에너지가 꿀 수확량보다 많았다.

향기 실종 사건

겨울철마다 도시의 대기와 뉴스를 수놓는 그놈의 미세 먼지 PM_{10}과 $PM_{2.5}$가 꽃향기에 미치는 영향을 연구한 실험은 여태 누구도 시행한 적이 없다. 하기 싫어서가 아니라 생물학적 이유 때문이다. 우리 집 로즈마리를 찾아오는 벌은 지금쯤 따뜻한 벌통에 들어가서 편히 쉴 테고, 별일이 없는 한 내년 봄까지 그곳에서 나오지 않을 것이다. 그리고 녀석이 바깥으로 나올 때쯤이면 비와 바람이 겨울 미세 먼지를 깨끗이 정리했을 것이다. 그러니까 벌도, 로즈마리의 향기도 미세 먼지의 영향은 받지 않는다. 미세 먼지가 대기의 아래층에 모일 시기에는 아직 꽃이 피지 않으니까.

하지만 스모그는 해마다 새 옷을 입고 나타나므로 겨울이 가도 위험성은 그대로다. 오존과 산화질소 문제는 도심에만 국한되거나 우리 집 정원에만 해당하는 것이 아니며, 꽃과 곤충이 가장 왕성하게 활동하는 계절에도 영향력을 잃지 않는다. '광화학 스모그' 혹은 '여름 스모그'라 부르는 이런 현상은 대기 아래층의 오존 함량을 높인다. 이는 1년 내내 스모그를 통해 생산되는 산화질소와 대기 중 산소가 반응해서 일어나는 현상이다. 원인은 햇빛인데, 당연히 봄과 여름에 가장 강렬하다. 조사 결과 봄에 도심에서 검출된 오존과 산화질소의 양은 실험실에서 꽃의 유인 신호를 파괴했던 양과 같았다. 그리고 그것이 바람에 실려 가는 경우 시골에서도 검출되었다.

이해를 돕기 위해 몇 가지 수치 자료를 소개한다. 유럽 여러 지역에서 대기 $1m^3$당 $260\mu g$(1μg=100만분의 1g)이 넘는 오존이 검출되었다. 그런데 지금까지 실시한 실험 결과를 보면 $1m^3$당 $180\mu g$의 농도면 꽃향기가 대부분 사라져서 곤충이 향기를 맡지 못해 공중에서 헤맨다고 한다.

대기 아래층의 오존 함량은 거의 200년 전부터 사람들의 관심을 끌었다. 따라서 다른 비교 수치 자료도 나와 있다. 산업 혁명이 시작될 당시만 해도 꽃향기는 1km 이상의 거리에서도 효과를 나타냈다. 하지만 지금은 같은 향기가 300m도 채 가지 못한다. 달리 말하면 꽃향기의 활동 반경이 4분의 1로 줄어든 것이다. 향기 성분의 25%만이 이 거리를 건널 수 있고, 그중 몇 가지는 몇 초만 지나도 완전히 사라진다. 주요 원인은 디젤 배기가스다. '대기를 덜 오염시키는 녹색 연료'라는 특수 제품의 선전 역시 거짓인 것으로 드러났다. 이 수치가 나온 실험에는 황의 함량이 적은 바이오디젤biodiesel*도 포함되었기 때문이다.

　물론 지금껏 그 누구도 '대기 오염이 벌과 로즈마리의 상호 작용에 미치는 영향'을 측정한 적은 없으므로 우리 집 로즈마리는 앞에서 예로 든 실험 결과보다 상황이 좀 나을지도 모른다. 설사 그렇다 하더라도 우리 집 발코니를 순시 중인 내게는 별 위안이 되지 못할 것이다. 봄이 코앞이다. 벌이 도심에 사는 우리 로즈마리에게로 돌아오지 못한다면 예상할 수 있는 범인은 뻔하다. 그건 그렇다 치고, 가만! 로즈마리 옆에서 지금 막 백합이 꽃잎을 열고 있다. 아닌가…… 방금 꽃봉오리가 움직이는 걸 본 것 같은데…….

---

*　콩, 쌀겨, 유채 따위에서 추출한 식물성 기름을 원료로 해서 만든 바이오 연료.

신선한 꽃꿀, 절찬리 판매 중

시도 때도 없이 먹고 싶은 음식이 떠오르는 사람이라면 단골 식당에 갔다가 제일 좋아하는 메뉴의 재료가 다 떨어졌다는 소식을 접한 절망감이 어떤지 아마 충분히 짐작할 것이다. 겨우 충격에서 벗어난 뒤 선택할 수 있는 대안은 두 가지뿐이다. 벌떡 일어나 다른 식당으로 가거나, 진즉에 식당 앞에 안내판을 붙이지 않은 주인을 원망하며 다른 메뉴 중에서 먹을 만한 게 있나 찾아보는 것. 식물은 인간 세계의 식당과 달리 꽃가루받이를 돕는 곤충에게 아주 상세하게 안내판 서비스를 제공한다.

다시 우리 정원으로 돌아가 보자. 아직 곤충들이 배가 고파 식욕이 왕성할 때는 아니다. 겨울이 물러나면서 꽃이 피기 시작해야 그 꽃을 향해 곤충들이 몰려올 것이다. 꽃이 곤충을 불러들이는 방법을 알았으니 우리 정원에 찾아온 벌들이 정해진 꽃을 목표로 삼아 직진할 것이며, 망설임 없이 이 꽃 저 꽃을 옮겨 다닐 것이라는 사실을 쉽게 짐작할 수 있을 것이다.

하지만 어떤 식당에 꿀과 꽃가루가 남아 있는지, 벌은 어떻게 알까? 꿀이 그득한 꽃과 빈껍데기 꽃을 어떻게 구분할까? 무작위로 꽃을 찾아간다면 곤충은 시간과 노력을 허비하게 될지도 모른다. 이미 가루받이를 마쳤거나 아직 가루받이를 할 정도로 자라지 않은 꽃에서 곤충이 얼쩡대는 행위는 곤충이나 식물 모두에 득이 되지 않는 일이다. 꽃부리는 손님을 최대로 끌어모아 유전자 물질을 최대로 혼합하겠다는 목표를 이루기 위해 곤충을 유인하고 적재적소에 배치하는 안내판이다. 따라서 그곳에 적힌 정보는 늘 똑같은 것이 아니라 곤충이 어떻게 행동해야 서로 득이 되는지에 따라 달라진다.

식물은 생산력이 있는 젊은 개체나 아직 가루받이를 하지 않은 개체 쪽으로 벌을 보내야 효율적으로 목표를 달성할 수 있다. 벌 역시 꽃이 많이 달린 한 개체에서 시간을 허비하지 않아야 얼른 먹고 다음 식물로 날아갈 수 있다. 또 그래야 후손 식물의 생물학적 다양성도 커지고 더 많은 씨앗을 만들 수 있다. 따라서 가루받이를 마쳤거나 너무 늙어 생산력이 떨어지는 꽃은 모양과 색깔과 향기와 꿀의 양을 바꾸어 손님들에게 알린다.

이런 전략을 쓰는 식물이 500종이 넘는다. 식물의 메시지는 맨눈으로 꽃부리를 보기만 해도 확인할 수 있다. 꽃이 아직 시들지도 않았는데 색깔이 변한다면 이는 노화 때문인데, 가루받이를 마친 꽃은 노화과정이 빠르게 진행된다.

병꽃나무*Weigela*의 꽃이 노랑에서 빨강으로, 티보치나*Tibouchina*의 꽃이 흰색에서 보라색으로 변하는 이유도 바로 이것이다. 억센도둑놈

의갈고리*Desmodium setigerum*[*]는 반대로 보라색에서 흰색으로 변하는데, 가루받이를 충분히 하지 못했을 경우 꽃부리가 다시 열리면서 보라색으로 돌아간다. 덩굴성 떨기나무인 퀴스쿠알리스 인디카*Quisqualis indica*는 심지어 세 번이나 색이 변하는데, 꿀과 향기의 생산량이 줄어들수록 하양에서 분홍으로, 다시 빨강으로 옷을 갈아입는다. 이는 꽃의 나이를 알려 적합한 손님을 고르기 위한 전략이다. 첫 단계에서는 나방이 가루받이를 돕고, 두 번째 단계에서는 꿀벌이 찾아오며, 마지막 단계에서는 나비가 손님이 된다. 세 종류의 손님 가운데 나방의 활약이 가장 두드러져서 가루받이도 잘되며, 뒤로 갈수록 효율이 떨어진다. 당연히 식물이 차려 내놓는 밥상도 뒤로 갈수록 별로 먹을 만한 것이 없다. 비유하자면 돈 많은 손님에게는 산해진미 가득한 밥상을 떡하니 차려 주지만, 별 볼 일 없는 손님에게는 싸구려 햄버거 하나 들려 보내는 격이다. 흔히 볼 수 있는 뿔제비꽃*Viola cornuta*^{**}도 가루받이 정도에 따라 아래쪽 꽃잎 세 장의 색깔 농도가 달라지고, 그에 따라 꿀의 양도 달라진다.

과꽃속*Callistephus*의 특정 종은 가루받이를 마친 후에도 꽃부리를 떨어뜨리지 않고 통꽃의 한가운데 부분만 노란색에서 흑적색으로 변

---

*   종명 setigerum이 '억센 털이 많다'는 뜻을 담고 있다.
**   종명 cornuta에는 '돌기가 있다'는 뜻이 담겨 있다.

사람의 눈으로 보면   **곤충의 눈으로 보면**

어떤 식물은 며칠 만에
꽃부리 색깔이 달라진다.
흰색에서 보라색으로,
노랑에서 빨강으로
혹은 거꾸로 빨강에서
노랑으로 변한다.
이런 색깔 변화는
어떤 꽃이 신선한지,
어떤 꽃이 많은 보상을
안겨 줄지 곤충에게
알리는 신호다.

정원에서 흔히
볼 수 있는 뿔제비꽃도
이런 방법으로 곤충에게
신호를 보낸다.

하는 전략을 펼친다. 이는 현란한 색깔로 더 먼 곳에 있는 곤충까지 유인하려는 작전으로, 꽃부리 깊은 곳에 적힌 '매진'이라는 안내문은 가까이 와야만 보인다. 가는잎미선콩속*Lupinus*의 몇몇 종은 가루받이가 끝났거나 꽃이 핀 지 나흘이 지나면 꽃잎이 노란색에서 보라색으로 변하는데, 이때 다섯 장의 꽃잎 중에서 딱 한 장에만 눈에 잘 띄지 않는 점을 찍어서 매진 신호를 보낸다. 그래서 곤충은 50cm 거리에 와서야 겨우 그 점을 발견할 수 있다.

속아서 온 손님은 기왕 이렇게 왔으니 더 젊거나 아직 가루받이를 하지 못한 꽃들 쪽으로 갈 것이다. 먹고 싶은 메뉴의 재료가 떨어졌다는 사실을 식당에 들어와서야 알게 된 우리도 같은 행동을 취한다. 기왕지사 왔으니 다른 음식이라도 먹고 가자고 마음먹을 것이다. 식당 주인에게도, 우리에게도 나쁘지 않은 선택이다.

자연을 그리워하는 나와 당신에게 식물학자가 건네는 위로

초록이 고개를 내밀쯤이면 어김없이 식물과 자연을 다룬 책들이 때를 기다렸다는 듯 줄줄이 선을 보인다. 인간도 결국은 자연에서 난 생명체이기에, 어쩔 수 없이 피고 지는 자연의 사이클에 따라 행동하기 때문일 것이다. 더구나 인간만 잘살겠다고 만들어 놓은 도시에서 인간들끼리 복작이며 살다 보면 문득 아—저기 먼 곳, 풀과 나무가 살아 숨 쉬는 곳으로 달려가고픈 마음이 불끈 치솟을 때가 많다. 달려가고픈 갈망과 바람을 표현하는 방식은 저마다 달라서, 정말로 맨발로 달려가는 사람들 저편에는 녀석들을 글과 그림과 사진으로 담아 책으로 엮어 내는 사람들이 있다. 요즘 들어 부쩍 그런 책들이 더 많이 눈에 들어

오는 것은 자연인이 되고픈 충동을 부추기는 나이 탓도 있을 것이고, 또 자연을 향한 모두의 갈망을 자극하는 세상과 환경의 각박한 변화 탓도 있을 것이다.

그 다양한 책의 물결에 여기 한 권을 더 보탠다. 이번에는 식물학자의 정원 일기다. 어린 시절 할아버지의 정원에서 방과 후 시간을 보내던 소년이 자라 식물을 연구하는 학자가 되었고, 할아버지가 돌아가신 후 방치되었던 정원을 다시 돌보며 그곳에서 떠오른 이런저런 상념을 적은 기록들이다. 과연 식물학자는 같은 정원을 보아도 어찌나 학자다운지, 백합 한 송이를 들여다볼 때도 그냥 "예쁘다!"는 감탄사로 그치지 않는다. 꽃이 어떻게 봉오리를 맺고 꽃잎을 펼치는지, 물과 기온을 어떻게 활용하는지 그 메커니즘을 설명하고, 우리가 어떻게 식물의 그런 습성을 활용해 정원을 잘 가꿀 수 있는지 이런저런 조언을 던진다.

그러나 그 정도야 다른 원예 서적에서도 찾아볼 수 있는 지식일 터, 식물의 심층을 연구하는 학자답게 저자는 거기서 멈추지 않고 식물에 얽힌 온갖 진귀한 이야기의 보따리를 풀어 놓는다. 그래서 길가에 총총 줄지어 선 은행나무 중에도 트랜스젠더의 사연을 담은 녀석들이 있다는 이야기를 읽고 나면 앞으로는 가로수 한 그루도 쉬이 지나칠 수 없게 될 것이며, 곤충을 잡아서 부족한 양분을 채우는 무시무시한 식물들의 이야기를 듣고 나면 한 번 뿌리 내린 곳에서 평생을 물건처럼 가만히 사는 식물의 이미지가 와장창 깨질 수도 있을 것이다. 또 뭔가 엄청 학구적으로 들리는 식물의 학명이 실은 진짜 라틴어가 아니라 제일 먼저 그 식물을 발견한 사람이 엮어 만든 가짜 라틴어라는 재미난 이야기는 소소한 배신감과 큰 웃음을 동시에 안긴다.

그럼에도 결국 자연을 마음에 담고 사는 사람들의 결론은 하나일 것이다. 우리의 자연이 온전한 모습으로 오래오래 우리 곁에 남아 주는 것! 그러기에 저자도 연신 나쁜 쪽으로 변해 가는 환경과 자연을 우려의 시선으로 바라보며 고민과 짧은 당부들을 잊지 않는다. 화분의 무게를 줄이기 위해 많이 사용하는 토탄을 지금처럼 마구 채굴할 경우 어떤 암울한 일이 벌어질지, 해외여행을 가서 함부로 식물을 뽑아 들고 오면 어떤 일이 일어나는지, 미세 먼지와 스모그로 답답한 도심의 대기가 얼마나 벌을 괴롭히고 식물을 외롭게 만드는지를 조곤조곤 설명하고, 휑한 테라스 한 귀퉁이에 빈 화분을 던지듯 방치하는 것이 다리 아픈 길손 곤충과 씨앗에게 쉼터가 될 수 있다는 알찬 귀띔도 잊지 않는다.

자연인이 되겠다던 원대한 포부는 귀농과 귀촌으로 쪼그라들고, 도시 농부와 텃밭 주인으로 다시 쪼그라들더니 아예 다음 생에나 이룰 수 있을 꿈으로 접혀 버렸다. 아파트 발코니엔 초록의 식물 대신 풀풀 먼지 날리는 마른 흙 화분들만 뒹굴고, 봄이면 씨앗과 모종을 흘깃대던 작은 시선마저 허둥대는 삶에 빼앗긴 지 한참이다. 그래도 마음 한 귀퉁이에는 늘 자연인의 꿈을 고이 간직한 나와 당신에게 우리 식물학자가 들려주는 식물의 온갖 사연들은 위안을 주고 그리움을 일깨울 것이다. 어쩌면 그 위안과 그리움에 기대어 다시 이 한 해를 열심히 살 수 있을지도 모르겠다. 그리움을 잊지 않는 자는 다음 생이나마 자연인으로 살 수 있으리라 믿으니까.

사람, 식물, 지구!
모두를 위한 정원의 과학

식물학자의 정원 산책

1판 1쇄 펴냄 2020년 7월 3일

지은이 | 레나토 브루니
그린이 | 알레산드로 다민
옮긴이 | 장혜경

펴낸이 | 박미경
펴낸곳 | 초사흘달
출판신고 | 2018년 8월 3일 제382-2018-000015호
주소 | (11702) 경기도 의정부시 경의로132번길 80, 202-411호
이메일 | 3rdmoonbook@naver.com
네이버포스트, 인스타그램, 페이스북 | @3rdmoonbook

ISBN 979-11-968372-2-8 03400

이 도서의 국립중앙도서관 출판예정도서목록(CIP)은 서지정보유통지원시스템
홈페이지(http://seoji.nl.go.kr)와 국가자료공동목록시스템(www.nl.go.kr/kolisnet)에서
이용하실 수 있습니다. (CIP제어번호: CIP2020024569)